Vorwort

Das Buch soll meinen Weg aus dem Tal der Tränen in den Wald der Möglichkeiten erzählen. Und davon, nichts als gegeben zu akzeptieren. Der Geist der Unruhe, der mich auf Trab hielt und den Revolutionär in mir zur Entwicklung meines Denkens und der damit verbundenen Arbeit befeuerte, ist gleichsam der „methodische Leitfaden" des Buches; der Background.
Eine fesselnde Erzählung mit Tiefgang soll es sein. Auf die zeitliche Zuordnung der Geschehnisse habe ich verzichtet – es sollte kein Geschichtsbuch werden. Die „Background-Passagen" sollen gewissermaßen den „geistigen Soundtrack" meiner Geschichte transportieren und auf unterschiedlichen Ebenen Einsichten und Erkenntnisse vermitteln.

Es ist aber gewiss kein Fachbuch, sondern soll Ermutigung und Inspiration für den eigenen Weg sein. Diesen Weg zu finden ist höchstwahrscheinlich unser eigentliches Ziel im Leben. Dieser Weg aber zeigt sich meistens jenseits des Mainstreams. Denn nur tote Fische schwimmen immer mit dem Strom und wer nur in der Herde geht, sieht vielleicht nur Ärsche. Zur Quelle (seiner Möglichkeiten) aber geht es gegen den Strom.

Mit meiner Erzählung will ich dazu beitragen, diese Erkenntnis aus der Isolation der Zitate in die Realität des Handelns umzusetzen. Denn ich glaube, die Worte und deren Bedeutung zu verstehen: Der Weg ist das Ziel.

Der Weihnachtsmann ist ein Betrüger
Wege eines Außenseiters

Das Buch ist unterteilt in

> 1. Vorwort
> 2. Die Geschichte selbst
> 3. Background (Soundtrack meines Lebens)
> 4. Aufbruch I – VII
> 5. Zwischenthemen

Inhaltsverzeichnis
Background

Der Weihnachtsmann ist ein Betrüger

1. Auflage, erschienen 10-2018

Umschlaggestaltung: SKS Fotosatz GmbH
Text: Peter Grimm
Layout: SKS Fotosatz GmbH

ISBN: 978-3-96229-078-8

www.romeon-verlag.de

Copyright © Romeon Verlag, Kaarst

Bibliografische Information der Deutschen Nationalbibliothek:
Die Deutsche Nationalbibliothek verzeichnet diese Publikation in der
Deutschen Nationalbibliografie; detaillierte bibliografische Daten sind
im Internet über *http://dnb.dnb.de* abrufbar.

DER
WEIHNACHTSMANN
IST EIN BETRÜGER

Wege eines Außenseiters

Aufbrüche sind auch Brüche

Themen auf dem Weg

Background
Was du ererbt von deinen Vätern hast...

Die Schule nivelliert und Individualität stört. Gern wird Individualität als Egoismus gebrandmarkt. So hält man uns in der Falle der Gleichgeschalteten. Es ist nun mal nicht selbstverständlich, sich seiner Talente, Potentiale und Möglichkeiten bewusst zu sein. Diese zu (er)kennen ist gewiss eine nicht ganz so einfache Mitgift des Lebens; eine Lebensaufgabe. Was aber nicht bedeutet, das Leben aufzugeben. Goethe hat es so formuliert: „Was du ererbt von deinen Vätern hast, erwirb es, um es zu besitzen. Was man nicht nutzt, ist eine schwere Last...".

Wir aber haben Goethe und andere Dichter und Denker in die Museen der Alltagsvergessenheit gesperrt. So wurden sie zum Denkmal der Unverbindlichkeit und verstaubten als Bildungszitate. Wie schade. Henry Ford's berühmtes Zitat: „Tue Gutes, aber rede darüber" kann man als Aufforderung zur Selbstbeweihräucherung verstehen – oder aber als Ermutigung dafür, „sein Licht nicht unter den Scheffel zu stellen". Denn an Menschen, die dich klein sehen wollen, herrscht kein Mangel. Es stimmt schon: Neid muss man sich verdienen; Mitleid bekommt man geschenkt.

Es geht darum, die Lethargie, also das passive Akzeptieren dessen, was man unbedingt ändern müsste, um sich zu entfalten, zu überwinden. Eugen Roth hat diese Lethargie genial beschrieben:

Ein Mensch, vom Alltag fast bezwungen, hat sich zum Ändern durchgerungen. Und gibt sich heilig das Versprechen, zu neuen Ufern aufzubrechen. Noch aber sitzt zu Haus er still: Er weiß ja nicht, wohin er will.

Existent sein kommt von „exsistere" und bedeutet, „in Erscheinung treten". Wir wollen irgendwo zugehörig sein, andererseits aber wollen wir herausragen aus der Masse und in unserer Existenz bestätigt, sprich (an-)erkannt sein. Das macht unsere Individualität aus. Dabei authentisch zu sein setzt voraus, seinen eigenen Weg zu gehen. Es stimmt: Der Weg ist das Ziel.

Peter Grimm

Der Weihnachtsmann ist ein Betrüger.
Wege eines Außenseiters.

Der Krieg war vorbei und hatte sein Erbe hinterlassen. Auch Pforzheim wurde zerstört und kostete zigtausende das Leben, hinterließ unfassbare Schicksale und viele Kinder, die überlebten, fanden im Kinderheim Zuflucht. Auch ich kam dazu.

Wieder mal war Weihnachten. Wir waren im Vorraum zum großen Speisesaal versammelt, in welchem immer die Bescherungen stattfanden. Unsere Tanten – so wurden die Heimschwestern genannt – verstanden sich darauf, unsere Vorfreude zu verstärken.

Endlich gab Tante Waltraud, die Heimleiterin, das Zeichen für den Einlass in den festlich geschmückten Raum. Kerzenlicht und Tannenduft. Päckchen mal größer, mal kleiner, mit Namen.
Das Kinderheim strahlte.

Neu war es. Das alte Heim – ein ehemaliges sehr verwinkeltes Pfarrhaus am alten Friedhof – war einfach überfordert. Zu wenig Raum für so viele Schicksale.

Heute sollte für uns ein besonderes Ereignis stattfinden. Tante Gerlinde, die den „Fuchsbau", dem ich angehörte, betreute, erzählte schon seit Tagen, dass sich aus der Stadt wichtige Frauen angesagt hatten und Überraschungen mitbringen würden.

Am meisten wünschten sich die Jungs Uhren. Eine eigene Uhr zu besitzen – das war ein Traum. Auch die Mädchen erstellten lange Wunschlisten. Sie durften dies, weil der Weihnachtsmann ja Wünsche erhört. Wie schön. Auch ich vertraute ihm.

Nun also waren sie da, die Frauen mit goldenen Herzen aus dem Pforzheimer Schmuck- und Uhren-Adel. Artig erklangen einstudierte Weihnachtslieder und weihnachtliche Gedichte. Danach wurden die Geschenke verteilt. Für die Mädchen Ringe, Halsketten und Anstecknadeln. Dann der von uns Jungens ersehnte Augenblick. Ein paar von uns wurden von den Damen ausgewählt, nach vorn gebeten. Ich nicht. Jeder der Auserwählten bekam eine wundervolle Uhr an seinen Arm. Mein Handgelenk blieb leer und ich erkannte: Der Weihnachtsmann ist ein Betrüger.

Die Jahre vergingen im Wechselspiel der Gefühle. Dann der ersehnte Auszug aus dem Heim. Die Schwester meiner Mutter nahm mich zu sich und ihrem Sohn Jochen. „Mutti" nannten wir sie. Mein Vater war unter mysteriösen Umständen im Krieg „gefallen", meine Mutter den Herztod gestorben. Die Adoption durch Mutti stand an – die Uhren gingen plötzlich anders.

Die Nachforschungen über den Tod meines Vaters, die im Zusammenhang mit der Adoption erforderlich wurden, verliefen schleppend. Bis sich eines Tages ehemalige Kameraden beim zuständigen Amtsgericht meldeten. Mein Vater sei bei der Waffen SS gewesen und hätte den Befehl verweigert, eine Erschießung von angeblichen Partisanen, zu denen auch Frauen und Kinder gehörten, durchzuführen. Ein für die SS ungeheuerlicher Vorgang. Er bekam eine Pistole, geladen mit einer Patrone... .

Der Adoption zufolge war meine Tante nun meine Mutter. Irgendwann wurde ich aus der Volksschule entlassen. Weiterführende Schulen waren weder im Kinderheim noch von Mutti vorgesehen. Meine Noten sprachen auch wenig dafür.

Das Martyrium

Also auf in das Berufsleben. Eine Lehre war angesagt. Mutti war der Meinung, dass ich über gute Umgangs- und Kontakt-Fähigkeiten verfüge, die ich mir im Kinderheim auch als Überlebenstraining angeeignet hätte. Also wäre ein Beruf, der diese Fähigkeit brauchte, für mich richtig.

Einer (der vielen) Traumberufe von Mutti war Friseur. Da geht man mit Menschen um. Sie meinte, dies sei der richtige Beruf für mich. So begann für mich ein langjähriges Martyrium in einer Rolle, für die ich absolute Talentlosigkeit mitbrachte. In der unvermeidlichen Lehrzeit lernte ich diesen Beruf und damit verbunden mich und meine Rolle zu hassen.

Das erste Lehrverhältnis kostete vielen fahrbaren Trockenhauben das Leben und mich mein Lehrgeld, denn bezahlen musste ich deren Reparatur oder Ersatz. Und wieder wurde wahr: Der Weihnachtsmann ist ein Betrüger.

Entsprechend eklatant ging die Lehre zu Bruch. Die zweite in einer anderen Lehrstelle auch. Mutti zuliebe war ich zu feige zu sagen, was mich belastete. Denn für das, was Mutti alles für mich getan hatte, durfte und wollte ich nicht undankbar sein. Es gab auch niemand, der das „Warum" meines Scheiterns hinterfragte – und so wurde das Martyrium in einem dritten „Salon" (so hießen Friseurgeschäfte damals) dank der Fürsprache des Innungsobermeisters fortgesetzt. Der Chef dort, Horst Wacker, war wirklich in Ordnung und er lehrte mich, Gitarre zu spielen. Das brachte mir erste Bühnenerfahrungen in einer Band und der damit verbundene Beifall nährte mein arg gebeuteltes Selbstbewusstsein. Aber beruflich war ich ja noch immer in dieser verhassten Rolle gefangen.

Freunden gegenüber schämte ich mich für meinen „Beruf", versuchte ihn zu verheimlichen, oft begleitet von Selbstmordgedanken. Tag für Tag mit einer Tätigkeit verbringen zu müssen, die man eigentlich hasst – das ist schon die Hölle. Die Gesellenprüfung schaffte ich mit ach und krach- darauf stolz aber war ich keine einzige Sekunde.

Mein einziger Trost aber waren Bücher. Viele Bücher. Lesen wurde meine Leidenschaft. Es versetzte mich in andere Welten. Bereits im Kinderheim las ich Nächte unter der Bettdecke mit Hilfe von Spielzeugautos, die batteriebetriebene Scheinwerfer hatten. Geschenke der Paten des Kinderheims, amerikanischen Soldaten, die in Mannheim stationiert waren.

Mit 12 Jahren hatte ich nahe zu alle Karl May Bände verschlungen, die meine Oma nebst vielen anderen Büchern nimmermüde aus der Stadtbibliothek anschleppen musste. Mit 15 hatte ich Kant, Schopenhauer und andere Philosophen gelesen, wenngleich ich beileibe nicht viel von dem, was ich da las, wirklich verstand. Aber die Art, wie das alles geschrieben war, faszinierte mich.

Goethe wurde mein Lieblingsdichter und ich kannte Faust I teilweise und Faust II ganz auswendig. John Steinbeck, Erich-Maria Remarque, unzählige Romane und Erzählungen der Weltliteratur begleiteten mich. Wie wichtig das alles für mich noch sein sollte, wusste ich damals aber noch nicht.

Akademisch Gebildeten galt mein ausgeprägter Bewunderungs-Neid. Aber Begegnungen, Gespräche und Diskussionen mit nicht wenigen dieser Auserwählten führten dazu, dass ich bei so manchem oftmals verwundert erkannte, wie wenig einige dieser Privilegierten trotz Doktor-Würde oder anderer Weihen eigentlich wussten. Manche schienen ihre Denkfaulheit hinter ihrem Titel zu verstecken. Nun gut; auch Dummheit ist eine Fähigkeit. Nämlich die, auf Intelligenz oder Einsicht zu verzichten. Umso schöner waren die Begegnungen mit denen, die ihren Titel zu Recht tragen.

Erst mit den Jahren entwickelte sich ein deutliches Gefühl der Achtung davor, was auch ohne akademische Würden erreichbar ist. Jedenfalls tat dies meinem Selbstbewusstsein durchaus gut.

Meine geliebte Oma starb und es zog mich in die Ferne. Der Weg führte nach München als Friseur in einer Bundeswehr-Kaserne. Zu mehr reichte es beruflich und talentbezogen in der Rolle als Friseur bei mir nun mal nicht. Frustrierend verliefen die Monate, bis ich in einer Fachzeitung ein Inserat las, das mich ansprach. Es kam aus einer hohenlohischen Kleinstadt. Ich schrieb eine Bewerbung. Sie sollte mein Leben ändern. Denn ich zog nach Künzelsau. Bauer hieß der Salon.

Aufbruch I
Signale

Alles begann in einem klitzekleinen „Appartement" – ein Zimmer mit Waschbecken, Schrank und Schlafgelegenheit. Möbliert versteht sich. Das Friseurgeschäft, in dem ich arbeitete, war – wie soll man sagen – der Inbegriff ungebremster Spießigkeit. Da war ich nun. Ohne Perspektive, ohne die geringste Ahnung, wie es weitergehen sollte. Nur diese unglaubliche Unruhe in mir.

Anita trat in mein Leben. So etwa im Juni lernte ich sie kennen. Sie kam aus ehemals deutschen Gebieten in Polen und konnte von dort mit dem Rest ihrer Familie erst nach langem hin und her nach Deutschland ausreisen. Sie war im Haushalt einer wohlhabenden Künzelsauer Familie untergebracht, sprach zwar deutsch, hatte aber in der Rechtschreibung deutlich Luft nach oben. Das änderte sich. Sie war später besser darin als jeder Lektor eines Verlages.

Im Oktober hatte ich Geburtstag, der richtige Termin für die Verlobung und im Dezember wurde geheiratet. Nein, wir mussten nicht, was aber viele im Ort nicht glauben wollten. Anita war wunderschön und ich dachte, dass Heiraten eine gute Idee sei, denn ich wollte sie unbedingt behalten. Zwar hatten wir nichts und die Zukunft war Nebel. Beste Voraussetzungen also. Aber darüber dachten wir nicht nach. Heute, aus dem Abstand der Jahre, weiß ich, dass sich da zwei verlorene Selen suchten und fanden. So teilten wir das Nichts und das reichte.

Anita ist übrigens noch immer meine Frau und ich würde sie morgen, nach über 55 Jahren Gemeinsamkeit, sofort wieder heiraten. Auch wenn sie die Fähigkeit hat, mich manchmal zur Weißglut zu bringen. Sie meint übrigens, dass ich das auch umgekehrt schaffe. Ist aber nicht wahr.

Unser Startkapital: 600 (sechshundert) DM, ein Federballspiel, eine Teetasse und etwas zum Anziehen. Unser Zuhause blieb das kleine Zimmer mit Waschbecken und Schlafgelegenheit. Möbliert versteht sich.

Ein gebrauchtes Tonbandgerät war die erste Investition, die ich (mit Zustimmung von Anita) tätigte. Grundig TK 19 hieß es und ich bezahlte 300,00 DM dafür, die Hälfte unseres Barvermögens.

Anita konnte ich über die Notwendigkeit für diesen Kauf mit der Begründung überzeugen, dass ich das Tonband brauche, um einmal Schriftsteller zu werden. Das klang gut. Vor allem auch deshalb, weil ich, um dafür zu üben, das TK19 brauchte. In der Tat sprach ich ellenlange Texte zu allem Möglichen auf das Band, formulierte ganze Kapitel von Büchern um, löschte wieder und weiter ging es.

Dass ich damit die Fähigkeit für die Entwicklung von Denksystemen für das Training von Vertriebsleuten und Führungskräften der 3M Deutschland und später für Würth trainierte, konnte ich nicht mal ansatzweise ahnen. Ebenso wenig, dass ich einmal als Berater für hunderte von Unternehmen bestens bezahlte Konzepte und Strategien fast ohne Korrekturerfordernis zu verfassen in der Lage war. Nicht der Weihnachtsmann war mein Förderer, das war ich selbst. Aber das wusste ich damals noch nicht.

Noch aber war ich ja in der ungeliebten Rolle als Friseur in dem kleinen Salon in Künzelsau gefangen. Der Inhaber hatte zwei Söhne. Einer davon erhängte sich, der andere verprügelte regelmäßig seinen Vater, der sich nicht wehren konnte. Als ich da mal voll dazwischen ging, wurde ich selbst Opfer dieses armen Brutalos. Für mich aber war das das Signal zu gehen. Nur wohin?

Christoph Walther gehörte zu meinen Kunden und erzählte mir begeistert von seinen Abenteuern im Außendienst einer kleinen

Handelsfirma, hier vor Ort in Künzelsau. Christoph war zwar etwas aufschneiderisch (untertrieben formuliert), aber er verfügte über die intelligenteste Möglichkeit, ein respektables Auto zu fahren. Denn er musste es noch nicht einmal bezahlen.

Erinnern wir uns: Es gab eine Zeit, in der junge Damen die jungen Männer ganz einfach selektieren konnten: Es gab sie mit oder ohne Auto. Ich war ohne.

Einige junge Männer aus dem Umkreis von Künzelsau arbeiteten bereits für dieses junge Unternehmen. Würth hieß es. Jeden Samstagnachmittag traf man sich in einem kleinen Cafe, wo es die mit Abstand besten Brezeln im weiten Umkreis gab. Man sprach laut über Erlebnisse und Erfolge. Gern lauschte ich den Geschichten und staunte über deren Abenteuer. Die Sehnsucht in mir wuchs.

Christoph Walther gegenüber gab ich zu, wie sehr ich die Rolle „Friseur sein" hasste. „Komm doch zu uns als Verkäufer im Außendienst" sagte er, „mehr als schief gehen kann das doch nicht". Ich überdachte mein Leben und meine Situation. Alles schrie nach Veränderung und ich erinnerte mich: Was immer dich in deinem Leben stört, ändere es oder halt's Maul. Auch die Tatsache, dass ich ja nun verheiratet war, wirkte als Verstärker. Ich entschied, es zu wagen. Was konnte ich schon verlieren?

Den Termin hatte ich auf Anhieb bekommen. Christoph Walther gab mir noch einen wichtigen Tipp, wie er nachdrücklich betonte: „Reinhold Würth, der Chef, wird dich fragen, ob du dir diese Aufgabe auch zutraust. Darauf musst du klar mit JA antworten. Er traut Zeugnissen nicht, aber dem persönlichen Eindruck". Das „JA" übte ich mit dem Tonband. Gründlich.

Auf die Begegnung mit Reinhold Würth bereitete ich mich so gut vor, wie ich konnte. Mann, war ich nervös. Soviel Lampenfieber hatte ich später nicht mal vor großen Auftritten und Vorträgen.

Mein Leben hing von diesem Termin ab. Aber davon, was mich wirklich erwartete hatte ich keine griffige Vorstellung und auch die Erzählungen der Reisevertreter aus dem Cafe halfen hier nichts. Die waren von zu viel Erlebnis-Romantik getragen. Jägerlatein im Vertrieb. Das gibt es wirklich!

Background
Der verratene Verkauf[1]

Erst viel später begriff ich, warum es diese Erlebnis-Romantik für Verkäufer vermutlich so lange geben wird, wie den Verkauf im Außendienst. Denn der Verkauf wird von professionellen Laien ausgeübt. Beruflich eine Profession, von Laien ausgeübt, weil es dafür nun mal keine Hochschule, keine Uni gibt. Man kann dies Tätigkeit weder studieren, noch – wie ein Handwerk – erlernen. Vertrieb und Verkauf werden durch Erfahrungswissen dominiert. Deshalb beziehen sich Verkäufer so vehement auf ihre Erfahrung und wehren sich wie Süchtige gegen Veränderungen. Trotz besserer Erkenntnisse.

Das muss man sich auf der Zunge zergehen lassen: Für eine der wichtigsten Aufgaben in Bezug auf unternehmerischen Erfolg gibt es keine qualifizierte Ausbildung. Wo es das aber nicht gibt, kann sich auch keine substantielle Beachtung entwickeln.

Sich im Wettbewerb zu behaupten und seinem Unternehmen Nachfrage und Umsatz zu verschaffen, ist eine Kunst, die aber in Image und Ansehen überaus defizitär besetzt ist. Darunter leiden ja die Verkäufer und feiern so ihre Erfolge besonders gern und laut in für andere kaum nachvollziehbaren Ritualen. Auch als Ausgleich für den Druck, den der Vertrieb als eine der messbarsten Tätigkeiten erzeugt. Denn die Umsatzzahlen zeigen unbestechlich, was Sache ist. Deshalb haben Verkaufserfolge fast immer auch etwas Mystisches an sich: „Konnte nur ich so erreichen". Misserfolge aber liegen immer an drei Faktoren: Produkt, Preis, Firma. Jawohl!

Geschäftlich relevante Beziehungen aufzubauen, setzt voraus, möglichst angstfrei auf wildfremde Menschen zuzugehen und sich

[1] Der Verratene Verkauf, erschienen 2000 im Gabal Verlag

gewissermaßen „freiwillig" deren Ablehnung und Widerständen zu stellen. Etwas, vor denen die meisten Menschen angstbesetzt zurückschrecken: „das würde ich ja nie tun".

Interessant ist, dass sozial „satte" Leute dazu zählen. Menschen mit ausgeprägtem Freundes- und Bekanntenkreis gehen nicht in den Außendienst als Verkäufer. Den Kassier eines Kaninchenzuchtvereins werden wir so gut wie nie als Verkäufer antreffen. Ebenso wenig den Vorsitzenden eines Gesangvereins. Vielleicht im Einzelhandel. Nicht aber im Verkaufsaußendienst.

So gut wie alle im Verkaufsaußendienst tätigen Menschen kommen in diese Tätigkeit aus „Lebensknicksituationen" heraus. So auch ich.

Wissen über Produkte und Leistungen und ein paar Techniken für die Arbeitsplanung sind allerdings auch ohne Studium vermittelbar. Damit starten dann die meisten Verkäufer. Jedenfalls im Außendienst.

Intuition und situative Genialität in Begegnungen, Gesprächen und Verhandlungen müssen sich tätigkeitsbegleitend entwickeln. Menschen aber, die dies nicht haben, bleiben in vertriebsbezogenen Aufgaben immer hölzern. Oder sie tricksen. Trotzdem können sie Erfolg haben, vor allem dann, wenn die Kunden Angebote und Leistungen eines Unternehmens mehr haben wollen, als „tumbe" Verkäufer das verhindern können. Kein Wunder, dass das „Verkaufstraining" so inflationär zunahm. Es sind Sanierungsmaßnahmen für nie gelegte Berufsgrundlagen.

In Verbindung mit der Entwicklung des MarktSpiel®System und dem damit verbundenen Knowhow-Workkit schrieb ich das Buch „Der verratene Verkauf". Es brachte mir viel Zustimmung und viele neue Kunden und das MarktSpiel®System war und ist das vermutlich erste wirklich ganzheitliche Grundlagen-Modell für das Vertriebs-Management, Marketing und selbstverständlich den Verkauf. Deshalb schlug der Ehrenpräsident des Berufsverbandes BDVT Bund deutscher Verkaufstrainer vor, das MarktSpiel®System zur Ausbildungs-Grundlage des Berufsbildes „Verkaufsleiter" zu machen. Aber ein staatlich anerkanntes Berufsbild gibt es dafür bis heute nicht. www.marktspiel.de

Anmerkung:
Die grundsätzlichen Erkenntnisse über Einsatzbereich, Persönlichkeit und die Bedeutung des rollenbezogenen Verhaltens, wie sie in „Der verratene Verkauf" und im vorliegenden Buch „Der Weihnachtsmann ist ein Betrüger" ausgeführt sind, lassen sich auf jeden Menschen in jedem Beruf übertragen. Verkaufen müssen alle. Privat oder beruflich. Jede Bewerber zum Beispiel muss seine Leistung auch verkaufen können.

Die Zukunft beginnt

Ich stand vor Reinhold Würth, dem Chef. Er musterte mich interessiert „Warum wollen Sie Ihren Beruf aufgeben?"
Ich erklärte, wie ich es empfand. „Ja", sagte Reinhold Würth „und wenn es nicht klappt, können Sie ja immer noch zurück". „Nein" sagte ich – „es gibt kein Zurück" und meinte dies mit jeder Faser meines Herzens. Einen Moment lang war Stille. Dann kam sie, die alles entscheidende Frage „Sie trauen sich das also zu?" „Das kann ich jetzt noch nicht sagen" hörte ich mich zu meinem Erstaunen wie von weitem reden, „aber was ich sagen kann ist, dass ich es will". Das so intensiv geübte „JA" hatte ich vergessen. Reinhold Würth schien beeindruckt. „Wann können Sie anfangen"? „Nächste Woche". „Gut". „Melden Sie sich am kommenden Montag um 7:00 Uhr im Lager. Dort werden Sie drei bis vier Wochen viel über Schrauben und vieles andere lernen. Wenn ich höre, dass Sie damit umgehen können, geht es los".

Nie wieder betrat ich danach ein Friseurgeschäft. Es war entschieden. Meine Haare schnitt fortan Anita. Sie hatte das nie gelernt, aber wie so vieles konnte sie es einfach.

Nach bereits drei Wochen bekam ich den ersten Dienstwagen; einen VW Standard. Schaltung mit Zwischengas. Muss man lernen. Dann aber ging's perfekt. Mann war ich stolz.

Erste Mitreise mit Ernst Knoch. Er war sehr erfolgreich und hatte sich soeben ein respektables Grundstück für ein Haus gekauft. Er führte die Gespräche – ich lernte schnell. Ernst Knoch lies mich machen. Es klappte.

Dann allein auf weiter Flur. Handwerker waren meine Kunden. Viele glaubten, dass ich mir als Student in den Semesterferien was dazu verdiene und kauften wahrscheinlich zunächst aus Mitgefühl. Als ich aber immer wiederkam, um neue Aufträge zu holen, wurde ich oft angesprochen, ob man vom Verkauf von Schrauben wirklich leben könne. Man kann.

Ein paar Monate später stand eine Mitreise mit dem erfahrenen Verkaufsleiter, Hans Hügel an. Er brachte seine Erfahrungen gekonnt ein und wieder durfte ich lernen. Zurück von dieser Reise stand auf der Treppe des kleinen Verwaltungshauses – früher mal ein unbedeutender Regionalbahnhof – Reinhold Würth. „Koh der überhaupt schwätze?" fragte er in breitestem schwäbisch und deutete dabei auf mich. Vor Reinholt Würth hatte ich immer Rede-Hemmungen. Immerhin war er der von mir sehr bewunderte Chef.

Diese Frage aber saß. Blitzartig, gewissermaßen in Nanosekunden beschloss ich, dass es eine solche Frage über mich nie mehr geben darf. Auch nicht von Reinhold Würth.

Ich war ja viel unterwegs. Übernachtete meist in kleinen, kostengünstigen Gaststätten mit Fremdenzimmer. Nun aber suchte ich mir die Gaststätten aus, die abends irgendeine Veranstaltung mit einem Redner und anschließender Diskussion hatten. Daran war kein Mangel, solche Veranstaltungen gab es immer. Ich meldete mich zu jedem Thema zwang mich zu sprechen und diskutierte entschieden mit. Denke, dass ich viel Mist produzierte. Aber es war das beste Training für mich.

Meine Sprecheinsätze wurden immer sicherer. Es war schön zu merken, dass mir die Leute zuhörten und oft bekam ich auch Beifall für meinen Beitrag. Später vergoldete man mir meine Reden in Vorträgen, Seminaren, Kongressen. Auch meine Rhetorik-Seminare waren gefragt – obgleich ich nie selbst eines besuchte. Mein Weg war effizienter.

Diese ersten Jahre bei Würth waren meine eigentliche Lehr- und Studienzeit. Intensiv und Erkenntnisreich. Die Verkaufserfolge konnten sich auch sehen lassen. Zur Belohnung gab's einen Traumwagen: Einen Opel Rekord. Wow.

Unser Sohn war unterwegs und wir zogen in eine geräumigere Wohnung im nördlichen Schwarzwald, nach Kapfenhardt, etwas später nach Unterreichenbach. Martin wurde geboren.

Eigentlich konnte ich zufrieden sein. Eigentlich. Dennoch wurde ich unzufrieden. Vieles bei Würth störte mich. So der Umgang mit den Mengen. Würth entwickelte „Normalpakete" die ein Vielfaches von den im Handel sonst üblichen Verpackungseinheiten enthielten. Menge mal Preis hieß die Erfolgsformel. Das Preissystem war so aufgebaut, dass Rabattstaffeln von 40 + 20 + 10 % gegeben werden konnten. Die Kunden, brave Handwerker, staunten nicht schlecht und nur wenige wussten, dass die jeweils nächste Rabattstufe immer vom Netto, also nach Abzug des vorigen Rabattes galt. Nicht wenige meinten in der Tat, dass 40 + 20 + 10 seien 70% Rabatt.

Reinhold Würth malte in Konferenzen oft einen Kreis an die Tafel und bemerkte dazu, „dass das Innere des Kreises die zulässigen Rechtsvorschriften beinhaltete". Dann malte er einen zweiten Kreis direkt unter die erste Kreislinie und berührte mit diesem zweiten Kreis einige male die erst Kreislinie. „Wir nutzen die im Kreis enthaltenen gesetzlichen Möglichkeiten und schöpfen diese voll aus. Wenn wir aber ab und zu mal am Rand kratzen, dann ist das durchaus vertretbar ...".

Gern wies er darauf hin, dass der legendäre Gründer von IBM, Thomas Watson jr. wegen „rüder Geschäfts- und Verkaufsmethoden" zu einem Jahr Gefängnis verurteilt wurde. Später allerdings wurde er wegen nicht zugelassenem Entlastungsmaterial wieder freigesprochen. Von solchen Dingen aber sei man weit entfernt meinte Reinhold Würth. Stimmte ja auch.

Aufbruch II
Zu neuen Ufern

Der Geist der Unruhe in mir war unüberhörbar in Bewegung, drängte, bohrte und bohrte. Irgendwann las ich ein Inserat der 3M Company, einem amerikanischen Unternehmen mit tollem Image und Weltgeltung, das mich elektrisierte. Ich bewarb mich und bekam zu meiner Überraschung tatsächlich die Chance im Vertrieb der 3M Deutschland zu starten. Mit Dienstwagen.

Meine Kündigung stieß bei Reinhold Würth auf völliges Unverständnis. Erklären konnte ich es nicht. Alles was ich sagen konnte, würde er nicht verstehen. Also versuchte ich es erst gar nicht. So wurde ich Verkäufer in der 3M Deutschland, Hauptabteilung Handelswaren. Nun war ich in einem Weltkonzern angelangt – gegenüber der damals noch kleinen Firma Würth war das ein Aufstieg mit enormer Motivationskraft und klaren Strukturen.

Würth aber war und blieb ich überaus dankbar dafür, mir den Aufbruch in ein neues Leben ermöglicht zu haben. Denke, dass ich mich später dafür auch revanchieren konnte. Das aber lag noch in weiter Ferne.

Wie wichtig fördernde Führung ist, erlebte ich bald. Bei 3M herrschte eine ganz andere Atmosphäre. Klaus Galbiertz war mein Vorgesetzter. Er verstand mich, meinen Hunger nach mehr und meine Intentionen weiterzukommen. Ein Fernstudium bot sich an. Fachrichtung Werbefachmann. Dachte, dass ich das brauchen könnte. Klaus Galbiertz meinte das auch. So hielt ich die Studienzeit durch und bestand die Abschluss-Prüfung mit „sehr gut". Background eben.

Eine entsprechende Benachrichtigung durch den Träger dieser Weiterbildung an die 3M wurde sehr wohlwollend zur Kenntnis genommen. „Es sei schließlich nicht selbstverständlich, sowas durchzuhalten" und ich fühlte mich aufgewertet und anerkannt.

Ermutigt durch die Erfahrung mit dem Fernstudium glaubte ich, mehr tun zu müssen. Ich stammte ja aus einer Lehrerfamilie, mein Großvater war Rektor an einem Gymnasium und auch meine leibliche Mutter war Lehrerin. Zeugnisse usw. waren offensichtlich damals noch Bestandteile meiner Gene.

Zufällig höre ich von einem Abendstudium „Betriebswirtschaft" mit Ziel „Diplomierter Betriebswirt". Die Zulassung zu diesem Studium aber hatte einen Haken: Gefordert wurde der sichere Umgang mit dem Rechenschieber sowie die Anwesenheit während des Studiums an jedem Abend. Dies aber verträgt sich so nicht mit der Tätigkeit bei 3M, die viele Auswärtsübernachtungen erforderte.

Zunächst lerne und übe ich den Umgang mit dem Rechenschieber, die von Professor. Dr. Piper, von der höheren Wirtschafts-Schule (der späteren Fachhochschule für Wirtschaft in Pforzheim) zu bestätigen war. Aristo, Hersteller dieser Wunderwerke der Mathematik musste viele Anrufe von mir erdulden. Der dort für mich zuständige Mitarbeiter wurde nach anfänglichem Zögern ein motivierender Mentor für mich. Es klappte. Auch Prof. Dr. Piper zeigte sich überaus zufrieden. Die erste Hürde war genommen.

Bei 3M bat ich um eine Auszeit. Geht aber so nicht. Ich müsse offiziell ausscheiden, meinte die Personalabteilung. Dieter Joop, Chef der Hauptabteilung und davor Direktor „Weiterbildung & Training" 3M verstand meinen Wunsch. Die Rückkehr sei kein Problem – er würde mit der Personalabteilung sprechen. Was er auch tat. Dieter Joop war eben ein Klasse-Mann.

Das Abendstudium begann. Es war eine muntere Zeit. Tagsüber Praktikum bei einem Kosmetik-Konzern, später bei einem großen

Versandhaus, dessen Finanzchef das Fach „Rechnungswesen" im Studium durchführte. Abends auf die Schulbank – und zu Hause intensiv büffeln. Aber es funktionierte und ich wurde Abschlussbester des Studiums mit „sehr gut". Jetzt verfügte ich über vorzeigbare Studien mit Abschluss. Mann war ich stolz. Wirklich gebraucht aber hatte ich dies in erster Linie für mein Selbstbewusstsein. Und als Background, versteht sich.

Wieder zurück zur 3M. Dieter Joop hatte gute Vorarbeit dafür geleistet. Klaus Galbierz, froh über meine Rückkehr, schlug mich kurze Zeit später als Führungskraft wegen meiner Weiterbildungs-Anstrengungen und nicht zuletzt wegen der erreichten Verkaufserfolge vor. Dieter Joop folgte dem Vorschlag.

So werde ich Gebietsverkaufsleiter und mache erste Erfahrungen in der Führung von Menschen. Hier hatte ich merkliche Defizite. So musste ich erkennen, dass wahr nicht ist, was ich meine, sondern was der Andere versteht – oder verstehen will. Darüber wollte, nein, musste ich mehr wissen.

So besuchte ich alle Seminare und Fördermaßnahmen, die ich nur kriegen konnte. Intern und extern. Langsam aber merkte ich, dass vieles von dem, was die Seminarleiter und Trainer vermittelten, rhetorisch blendend aufbereiteter Käse war. Ich begann, kritischer zu werden, hinterfragte und erkannte so manchen Meister der inhaltslosen Rede und seine gekonnte Selbstzweckrhetorik.

Gedanken formten sich in mir zum Angriff und ich begann, sie zu formulieren, sprich aufzuschreiben. Das war gar nicht so schlecht, was ich da dann las. Hochmotiviert von den damit verbundenen Erkenntnissen, erwächst in mir der zunehmend drängendere Wunsch, selbst Seminarleiter und Trainer zu werden. Meine Zukunft hatte eine Vision.

Background
Die Qualität des Erfolgs

Der Mensch steht im Mittelpunkt – und damit vielem im Wege. Oft genug sich selbst. Es gibt während der gesamten Schulzeit keine einzige Stunde, die das Thema „Leben und Erfolg" beziehungsweise „Wie man Erfolg verursacht" beinhaltet. Dass Erfolge ebenso verursacht werden wie Misserfolge, wird vielen Menschen viel zu spät bewusst. Wenn überhaupt. Wohlgemerkt: es geht um Erfolg, nicht um Glück. Einen Lottogewinner nennt niemand erfolgreich – er hatte eben Glück. „Erfolg" aber ist nur die eine Seite. Die andere ist die Qualität des Erfolgs. Denn davon hängt ab, ob der erreichte Erfolg auch zu emotionalem Wohlbefinden führt. Anders ausgedrückt: Ob man mit Erfolg auch glücklich ist.

Es gibt offensichtlich „Schlüsselfaktoren" und Gesetzmäßigkeiten für „magnetisch-energetische" Erfolgsverursachung; „Energy Keys" habe ich sie genannt:

Energy Keys.

Das „Grundlegende"	Das „Gesetzmäßige"	Das „Immaterielle"	Das „Charismatische"
Entscheide Dich	Das Polaritäts-Gesetz	Für etwas sein	Vision und Anspruch
Gewinne Menschen	Das Resonanz-Gesetz	(Eigen-) Motivation	Das „Innere Spiel" als energetisches Kraftwerk
Bau auf Dich	Das Gesetz der Vorleistung	Vertrauen	
Verursache Erfolg	Das „Wenn-Dann"-Gesetz	Ziel- und Konzeptklarheit	
Überwinde Widerstände	Das Gesetz der Konzentration	TUN	Persönlichkeit Ausstrahlung Botschaft
Führe Dich und andere	Das Gesetz der Klarheit	Vorbild	
Sei wertvoll	Das Gesetz der Verantwortung	Wertesystem	

Die Gestaltung des persönlichen Erfolgs.

„Entscheide Dich" steht auch für eine schmerzliche Tatsache: Entscheidungen sind Trennungen. Das Gesetz der Polarität kennt immer Alternativen. Oder Gegenpole. Das will ich und damit trenne ich mich von dem, was ich hätte auch haben können. Porsche oder Mercedes. Selbst wenn ich beide Autos hätte, kann ich nicht zeitgleich mit beiden fahren und muss entscheiden. Für etwas sein ist klüger als gegen etwas zu arbeiten. Im „für etwas Sein" ist immer eine Aufgabe enthalten. Um gegen etwas zu sein genügt schimpfen.

„Gewinne Menschen" ist keine leichte Aufgabe. Menschen machen Probleme, sind egozentrisch, sind ungerecht und schwierig. Das Resonanzgesetz weiß: „wie man in den Wald hineinruft, so schallt es zurück". Sich auf andere einzustellen, auf gleicher Wellenlänge zu sein, andere Menschen zu mögen, setzt fatalerweise voraus, sich selbst zu mögen. Liebe deinen Nächsten wie dich selbst (und nicht anstatt dich selbst), ist weit mehr als nur ein Bibel-Spruch.

„Bau auf Dich" – auf wen den sonst? Was immer wir wollen, wir müssen vorleisten. Wer zum Ofen sagt „bitte wärme mich, dann kriegst du auch ein Stück Holz" taugt zur Karikatur, nicht aber zum Leben. Um vorzuleisten braucht es Vertrauen. Vertrauen, dass es sich lohnt, zum Beispiel. Und es braucht das Vertrauen zu sich selbst, es auch leisten zu können. Selbstvertrauen nennt das (nicht nur) der Volksmund und unterscheidet dies sehr deutlich von Selbsttäuschung, der immer die Enttäuschung folgt, das Ende einer Täuschung. „Bau auf dich" ist die Aufforderung an das Ego: Bau dich auf, arbeite an dir. Es lohnt sich.

„Verursache Erfolg" hat das "Wenn-Dann"-Prinzip als Begleitung. Die Tatsache, dass Werbung so verführerisch ist, liegt unter anderem auch daran, dass sie uns immer das Endergebnis, das „Finalbild", das finale Bild, zeigt.

Man zeigt das Auto, nicht das, was wir dafür leisten müssen um es zu bezahlen. Wir sehen die strahlend saubere Wohnung, nicht die Putz-Arbeit. Die Werbung zeigt immer nur einen Teil der Wahrheit. Diese sieht so aus:

Wenn wir bereit sind, mit aller Kraft zu arbeiten und auf viele andere angenehme Dinge verzichten, dann fahren wir das Auto XY. Wenn wir dazu nicht bereit sind, dann kaufen wir halt einen mieseren Wagen. So ist es mit allem. Was wollen wir wirklich? Das setzt Zielklarheit voraus. Ziele sind der Kraftstoff für die bewusste Erfolgsverursachung.

„Überwinde Widerstände". Das Samenkorn muss den Widerstand der Erde überwinden, sonst entsteht keine Pflanze. Das Auto und die Reifen müssen den Widerstand der Straße überwinden, um fahren zu können. Widerstände sind die Wachstumshormone für Erfolg. Um Widerstände zu überwinden, braucht es die Kraft der Konzentration in Bezug auf das erwünschte Resultat. Die Energie dafür heißt TUN. Deshalb gibt es die Macher unter den Menschen – aber auch die (Sein-)Lasser.

„Führe Dich und andere". Führung setzt Klarheit voraus und die will in Ziel und Weg erarbeitet sein.
Führung erfordert „vorausgehen" und ermutigt andere zu folgen, um Pionier auch auf unbequemen Wegen zu sein. Vorbild zu sein bedeutet, ein Bild, eine Vorstellung dafür zu leisten, was erstrebenswert und möglich ist. Führung bedeutet somit immer Verantwortung für sich zu übernehmen.

„Sei wertvoll" meint, dass Verantwortung für die Entwicklung anderer Menschen übernommen wird und niemandem wissentlich oder willentlich Schaden zugefügt wird. Also, dass das, was man tut oder wofür man eintritt, möglichst positive Auswirkungen hat. Mit Waffen zu handeln ist genau das Gegenteil von dem, was hier gemeint ist. Zur Entwicklung persönlicher Reife gehört, auf das beliebteste Spiel der Menschheit weitgehend zu verzichten. Es heißt Schuldzuweisung. Der Gegenpol ist, Verantwortung zu übernehmen. Das adelt uns mehr als alles andere.

Dem Weg folgen

Es war kein leichter Weg. Jede freie Minute verbrachte ich wieder mit Lernen und lese alles, was mir passend zu meinem Wunsch in die Finger kam. Die erforderlichen Tests und Prüfungen waren kein Problem. Die Chance für mich ergab sich, als Jürgen Plett, der bisher die Division Handel trainierte, die Company verließ. Das nutze ich für eine Bewerbung voll von frechen Ideen, was ich ändern wollte. Das zündete offensichtlich und zu meiner Überraschung werde ich ein paar Wochen später zunächst zum Abteilungstrainer ernannt. Mit Dieter Joop als meinem Direktor. Er wollte mich in Bezug auf die mich erwartenden neuen Herausforderungen wahrscheinlich unter Welpenschutz stellen.
Alexander der Große ließ bekanntlich die Schiffe verbrennen, als er nach Persien aufbrach. Zurück war unmöglich. Vielleicht war auch dies das Leitbild für unseren Umzug. Nach Kaarst ging es, dem Schlafzimmer Düsseldorfs.

Meine ersten Seminare verlangten enorme Konzentration. Alles richtig zu machen, kostete viel, sehr viel Energie. Denn ehemalige Kollegen zu trainieren und Dinge zu vermitteln, die ich früher selbst nicht gemacht habe, war ganz und gar nicht einfach. Äußerlich gelassen, innerlich aber sehr gespannt, erweckte ich eine so nie erwartete Begeisterung, die mich in den Himmel trug. Das Feedback war umwerfend. Ich hatte offensichtlich meine Bestimmung erreicht.

Kurze Zeit später forderte mich Helmut Erbrecht, der Leiter Weiterbildung und Training, für seinen Bereich an. So wurde ich der jüngste Trainer in der Zentrale für Weiterbildung & Training der 3M Deutschland und erlebte erstmals Glücksgefühle darüber, das geschafft zu haben.

Mein Wunsch hatte sich erfüllt und ich stellte mich nun den unvermeidbaren Revierkämpfen mit den erfahrenen und auch älteren Trainer-Kollegen. Vor allem Alfred Schierman (Name geändert) sah in mir – nicht zu Unrecht wie sich zeigen sollte – eine Bedrohung. Wohl weil er einer jener Menschen war, der fachlich schwach und menschlich ein armes Schwein war.

Ausgerechnet er wurde mein „Mentor" und ich sein Co-Trainer in vielen Seminaren. Er ließ immer mich arbeiten und beschränkte sich darauf, mich regelrecht zu tyrannisieren. „Sie lernen es nie". Gegenüber Kollegen und Helmut Erbrecht ließ er dann verlauten, „dass der (gemeint war ich) es wohl nie packt.". Hätte nicht das überaus positive Feedback der Teilnehmer ein anderes Bild vermittelt, wäre es vielleicht eng für mich geworden.

Sein Problem: Er trank. Die Wodka-Flaschen (immer literweise) besorgte er jeweils an einem Bahnhof. Seine Frau beobachtete ihn zuhause zwar mit Argusaugen, weil sie, wie ich wusste, das Problem kannte, aber auswärtige Seminareinsätze entzogen sich ihrer Kontrolle. Nach einem gemeinsamen Seminareinsatz in der Kapfenhardter Mühle war er so voll, dass er nur in Schlangenlinien fahren konnte. Ich lies ihn anhalten und fuhr selbst. Wir wohnten damals im gleichen Ort in Kaarst. Er schlief während der ganzen Fahrt.

Weder den Kollegen, noch Helmut Erbrecht konnte ich davon erzählen. Es wäre auf mich zurückgefallen. Denn was ich zu berichten hatte, wäre in jedem Fall unglaubwürdig gewesen. Immerhin war Schiermann im nüchternen Zustand ein durchaus respektierter Kollege. Sein Verhalten im besoffenen Zustand mir gegenüber kannte ja keiner. So schwieg ich.

Bis eines Tages Helmut Erbrecht im Verlauf einer seiner unangemeldeten Seminarbesuche, die er sporadisch unternahm, Schiermann stockbesoffen auf seinem Zimmer im Hotel antraf, während seine Teilnehmer auf ihn im Seminarraum warteten. Schierman wurde umgehend fristlos entlassen.

„Warum ich denn nichts gesagt hätte" wurde ich von Helmut Erbrecht vorwurfsvoll gefragt. „Hätten Sie mir denn geglaubt?" frage ich zurück. „Nicht wirklich" gab er zu. In einem Meeting über diesen Fall räumten dies die anderen Trainer gleichermaßen ein. Mein Einsatz aber war durch diese Entwicklung von einer enormen Belastung befreit.

Akzeptanz muss man sich verdienen. Nicht nur bei den Kollegen, sondern auch bei den Teilnehmern. Vor allem die Platzhirsche, die mächtigen Bereichsleiter der 3M Company, waren oft harsche Kritiker, wenngleich aber auch fair in der Art und Weise.

Ein Erlebnis steht für viele: Ein neues, wichtiges Management-Seminar wurde mir zur Durchführung zugeteilt. In dessen Verlauf fällt das damalige Modewort „Frustration" im Zusammenhang mit Führungsfragen. Unversehens startet der teilnehmende „Platzhirsch" – das war der ranghöchste Bereichsleiter in diesem Seminar – einen Frontal-Angriff auf mich. Mit Zustimmung einfordernder Geste an seine Mitstreiter: „Können Sie uns mit wenigen Sätzen die Bedeutung von Frustration erklären ...?" Er lehnt sich mit überkreuzten Armen zurück und ein Grinsen prägte sein Gesicht.

„Sätze?" frage ich „ein Wort genügt". Das Grinsen des Bereichsfürsten verstärkte sich „da sind wir nun aber alle mal sehr gespannt".

„Erwartungsenttäuschung" sage ich und er signalisierte Verblüffung „da haben Sie aber Glück gehabt". „Glück?" frage ich „Sie meinen sicher Background". Dann fuhr ich fort: „In der Bedeutung geht es um die Nichterfüllung einer Erwartung, eine gefühlte Enttäuschung. Ent-Täuschung bedeutet das Ende einer Täuschung. Das ist eigentlich etwas Positives, aber die Erkenntnis, getäuscht worden zu sein, tut einfach weh und man ist frustriert".

Abends bat er mich zu einem Gespräch. Er wollte wissen, wie ich mir meinen Background zugelegt habe und ich erzählte von meiner Liebe zur Literatur und den anderen Bemühungen.
Von da an durfte nur noch ich diesen Bereichsfürsten und dessen Leute betreuen. Er wurde wohltuender Fürsprecher für mich und meine Arbeit.

Es sind übrigens solche Situationen die – scheinbar nebensächlich – über so vieles im Positiven, aber eben auch im Negativen entscheiden. Vorbereitung bedeutet „vorher bereit sein" und meint, auf solch entscheidende Situationen auch und gerade durch (Weiter-)Bildung vorbereitet zu sein. Das nennt man Background.

3M zog von Düsseldorf nach Neuss in das Industriegebiet Hammerfeld. Vorbei war es mit dem so anregenden Flanieren in der Mittagspause und nach Feierabend auf der Königsalle, der Kö. Ein Stück Lebensqualität ging für alle Mitarbeiter verloren. Schade.

Mittlerweile hatte ich mir die Achtung meiner Kollegen erarbeitet und wurde zu ihrem Sprecher in Fachfragen. Denn es gab immer viel zu klären. Zig Themen, zig Fragen.

Helmut Erbrecht bat mich eines Tages zu einem Führungsgespräch. Ob ich mir vorstellen könne, die weitere Entwicklung für Seminar- und Förder-Maßnahmen und deren inhaltliche Konzeption zu übernehmen?

Ich war überrascht. Glaubte ich doch, dass dies doch alle Trainer und Seminarleiter könnten. „Nein" lachte Helmut Erbrecht „die meisten Trainer und Referenten sind gute Interpreten. Aber Konzepte selbst zu schreiben, Lernsysteme zu entwickeln und für Themen oder Probleme Lösungen zu erarbeiten – das können nur wenige. Sie aber, mein lieber, Sie haben dieses Talent".

Gern übernahm ich diese ehrenvolle Aufgabe. Sie erwies sich als Quelle für späteren Erfolg. So entstanden neue Denkmodelle für Seminare, Maßnahmen und Programme. Ich erkannte generelle „Verhaltens-Bilder" und deren weitreichende Bedeutung. Ich definierte vier „archetypische" Struktur-„Felder", die sich scheinbar einfach anfühlen, aber in der Umsetzungs-Konsequenz zu einer beeindruckenden Klarheit führen.

Background
Verhaltensfelder

Jedes System – Menschen und Unternehmen – hat vier grundlegende Aufgaben zu erfüllen, die – bedingt – unterschiedliche Anforderungen mit sich bringen. Es handelt sich gewissermaßen um „Verhaltens-Cluster" mit wechselnden Prioritäten:

• Für das Funktionieren erforderliche Grundabläufe. Dazu gehören administrative Abläufe. Das darauf bezogene Verhalten der Führer verlangt auf Systemerhaltung bezogene Führung. Führungskräfte, die diesen Anforderungen entsprechen, sind mit zukunftsbezogener, Veränderungsfreude erfordernder Führung meist überfordert. Bewahren ist ihr Ding.

• Menschen im Mittelpunkt zu sehen, Beziehungen aufzubauen und zu pflegen, erfordert ein stabiles Umfeld, das es erlaubt, auf vertrauensvolle Führung zu setzen und entsprechend viel Freiraum in der Zusammenarbeit zu erlauben. Der Teamgeist wird zu Recht hoch – und manchmal auch überschätzt. Der Kapitän auf der Brücke muss entscheiden.

- Die Zukunft zu gestalten und den damit verbundenen komplexen Anforderungen gerecht zu werden, erfordert eine Führung, die in der Lage ist, das Unternehmen weiterzuentwickeln und auch auf unbekanntem Terrain das Steuer zu handhaben und Menschen in ungewohnten Situationen Orientierung zu geben.

- Unternehmen müssen sich in Wettbewerb und Markt behaupten und sich durchsetzen. Ziele zu setzen und Erfolge zu erjagen erfordert Macher-Eigenschaften und oft auch Härte, sprich Konsequenz und Umsetzungs-Energie.

Um die damit verbundenen unterschiedlichen Führungsaufgaben situativ „richtig" zu steuern, bedarf es

a) Bewusstheit darüber, welches Clusterfeld situativ dominiert
b) differenzierter Führungsmethoden, die Orientierung für die „Steuerung" dieser Felder geben.

Es macht wenig Sinn, von einem durchsetzungsarmen und damit oft auch konfliktscheuen Beziehungsmenschen die Durchsetzung neuer Ziele oder Strategien zu erwarten.

Veränderungen rufen bei Gewohnheits-verankerten Menschen immer Widerstände hervor. Verwalter sind keine Revolutionäre. Wie ein Süchtiger an seine Droge, klammert sich ein Verwalter an seine Überzeugung.

So kann man sich die Wechselwirkungen unterschiedlicher Einstellungen, Fixierungen und Vorlieben gut vorstellen und tausende endlose Diskussionen entlarven sich so als reines Führungskabarett.

Der härteste Klebstoff der Welt ist nun mal die Macht der Gewohnheit mit den damit verbundenen Ritualen, Ego-genährten Komfortzonen und vor allem den Identifikationen, die jeweiligen „JA-Felder" der Menschen, die lieber „sterben" als zu besserer Einsicht zu kommen.

Motivation ist die Lust an der Leistung beziehungsweise der Leistungserbringung, sagt Felix von Cube. Ich darf hinzufügen:

Identifikation ist die Mutter der Motivation und Rituale sind die Programmiersprache des Verhaltens.

Im Volksmund heißt das: Des Menschen Wille ist sein Himmelreich.

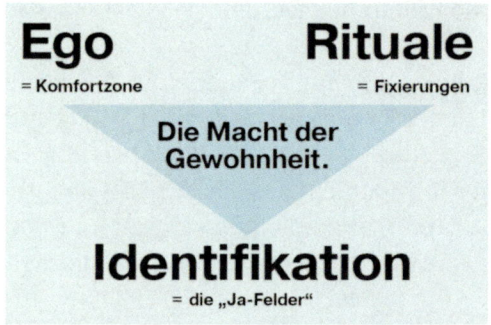

Manchmal halten wir die Uhr an, um Zeit zu sparen. Genau das geschieht, wenn das Ego Komfortzonen verlassen soll. Denn in Komfortzonen ist man sicher, fühlt sich geschützt und verteidigt sie demzufolge vehement. In Verbindung mit unseren bewussten und unbewussten Ritualen entsteht so eine „Gemengelage" die – verstärkt durch die „Ja-Felder der Identifikation" – härter als Beton wirkt.

Dass die Macht der Gewohnheit, genährt durch Komfortzonen, auch in der Lage ist, Multi-Milliarden Umsätze zu verhindern, zeigen folgende Beispiele.

Wie man Erfolg vereitelt

Zu Eastman Kodak Company im Bundestaat New York kam eines Tages ein junger Mann und wollte ein Verfahren für die Multiplikation analog den Fotos für Dokumente und anderes vorstellen. Die Präsentation seiner damals noch in den Kinderschuhen steckenden Entwicklung bewirkte Heiterkeitsausbrüche bei den Eastman-Managern. Hohnlachend wurde er hinauskomplimentiert.

Später erinnerte eine mahnende Kupfertafel bei Eastman: „Lache nie über eine Idee, die du nicht verstehst. Sie könnte deine schmerzlichste Erkenntnis werden." Was war passiert?

Der junge Mann suchte einen anderen Geldgeber für seine Idee und fand ihn in der Filmbranche – das hat ja auch mit Multiplizieren zu tun. Der neue Mäzen war Mr. Rank, legendärer Filmboss im Hollywood der Gründerzeit. Aus dieser Begegnung entstand Rank Xerox, ein Weltunternehmen für den Multi-Multi-Multi-Markt der Kopiergeräte und des damit verbundenen Papierbedarfs.

Ich habe die Macht der Gewohnheit auch bei 3M hautnah miterlebt. 3M, auch Hersteller von Ferrania, Filmmaterial für die Fotographie und Zulieferer für den Fotohandel, brachte den ersten Tischkopierer 051 (so der Name) auf den Markt. Es handelte sich um ein „Dual-Spektral"-System. Der gottgewollte Vertriebsweg, so die Experten, sei der Fotohandel. Da kannte 3M sich ja bestens aus und hatte über die Marke „Ferrania" ja beste Kontakte in dieser Branche.

Die Einführungskampagne für die Kopierer lief an. Zu etwa 20 Präsentationen sollten die Inhaber des Fotofachhandels eingeladen werden. Start war in Hamburg, Hotel Atlantik, ein Hotel in dem die Ober bekanntlich vornehmer waren, als die Gäste. Ich war mit dabei. Ein kaltes Büfett um 19:30 Uhr sollte auf die Präsentation einstimmen. 19:00 Uhr – wo bleiben die Leute?

19:30 Uhr bemerkte Otto Walter Uhl – er war Direktor Kopierprodukte und war vorher bei Rank Xerox – „dass ja nun die Geschäfte gefegt seien" und nun der Ansturm erwartet werden könne.

Ca. 20:00 Uhr stürmte Dieter Prott, ein Hamburger Urgestein und Mitarbeiter (eher Freund) in meiner Gebietsverkaufsleitung, vom Eingang des Hotels nach hinten zu uns und rief laut „schon wieder sind zwei Busse angekommen: Herr Busse mit Frau. Otto Walter Uhl was not amused. Really not.

Das Büfett für mehr als 100 Personen lud zu einer Fress-Orgie ein. Otte Walter Uhl bestellte Sekt dazu und meinte, dass es darauf nun auch nicht mehr ankomme.

Noch eine Präsentation in Stuttgart – gleiches Ergebnis. 051 wurde fortan im Fachhandel für Büromaschinen verkauft. Sehr erfolgreich, wie ich abschließend dazu bemerken darf.
Eine weitere Story?
Bitte sehr:

Autsch. Schon wieder ein Schnitt mit dem Rasiermesser. King C. Gillette war ärgerlich, aber ein Tüftler. Er erfand die sichere, weil in ein „Gerät" eingepackte Rasierklinge.
Der gottgewollte Vertriebsweg stand ja fest. Friseure, klar. Die aber wehrten sich; machte doch diese Rasierklinge möglicherweise das damals so unverzichtbare Rasiergeschäft kaputt. Der Verkauf erfolgte von nun an über Drogerien etc. und dieser XXXL-Markt lief weitgehend an der dafür prädestinierten Branche vorbei.

An weiteren Beispielen fehlt es wahrlich nicht:
Juweliere verachteten den Modeschmuck. Sie waren auf Juwelen fokussiert. Der Multi-Multi-Multi-Markt „Modeschmuck" lief an ihnen weitestgehend vorbei.

Das erinnert mich doch glatt an einen meiner Vorträge im Festsaal der Spielbank in Bad Dürkheim. Eingeladen wurde ich vom Vorsitzenden des Verbandes der Juweliere anlässlich eines Jubiläums.

Ich startete. Kurz später meldete sich ein würdiger älterer Herr zu Wort „Herr Referent", begann er „wissen Sie denn nicht, dass in unseren Kreisen...". Ich schaltete den Overheadprojektor ein und sagte dass ich seinen Einwand festhalten wolle. Auf die Folie schrieb ich dann „...in unseren Greisen...". Das „G" wählte ich bewusst. Brüllendes Gelächter im Saal – der Vortrag lief blendend.

Manchmal rettet eben die Spontanität die Situation. Diese aber muss bekanntlich gut geplant sein.

Ein Wort zum „Ritual".
Rituale lassen sich nur durch den Aufbau neuer Rituale ändern. Wenn wir erkennen, dass wir mehr für unsere Gesundheit tun und endlich früher aufstehen und joggen gehen sollten, dann ist der Vorsatz schnell gefasst, aber... . Länger schlafen ist eben auch ein Ritual und wenn wir das ändern wollen müssen wir die Zähne zu-

sammen beißen und solange aufstehen und joggen gehen bis das Bedürfnis genau das zu tun unverzichtbar wird. Dann aber: Hurra, wir haben ein neues Ritual.

Nicht stehen bleiben.

Für 3M entstanden unter meiner Führung neue Modelle inklusive der erforderlichen Lehrmaterialien und Folien für die Overhead-Projektion zu allen möglichen Themen und ich wurde gewissermaßen „Meister der Overheadprojektion". Auch als später Laptop und Beamer die Overhead-Projektoren killten, kamen mir diese Erfahrungen sehr zu Hilfe. Intensiv arbeitete ich an neuen Ideen und deren Umsetzung. Hier war ich in meinem Element.

Wolfgang Mewes und die EKS

In fast allen Zeitschriften ließen provokante Inserate mit der Botschaft „Ihre Strategie ist falsch" aufhorchen. Ich erhielt den Auftrag, mir dies genauer anzusehen und gegebenenfalls zu entlarven, was zu entlarven war. So fuhr ich zu einem Gespräch mit Wolfgang Mewes, dem Autor der Engpass konzentrierten Strategie EKS.

Die Folge: Ich war von der EKS begeistert und erhielt nach Absolvieren der von Wolfgang Mewes verfassten Lehrhefte und Einweisungen von ihm die Erlaubnis, die EKS referieren zu dürfen. Das empfand ich als eine Auszeichnung, die mich sehr motivierte. Wie hilfreich die EKS für mich werden würde, sollte sich später überaus deutlich zeigen. Wolfgang Mewes hatte ich viel zu verdanken.

Interesse steuert nun mal die Wahrnehmung und mein Interesse an neuen Denkanstößen war geradezu grenzenlos. Es war die Zeit der inflationär auf den Markt drängenden „Psycho"-Systeme. „Transaktionsanalyse" und andere Denkmodelle, wie die „Themenbezogene Interaktion" von Ruth Cohn und viele andere Modelle wurden – soweit sinnvoll – in unsere Arbeit einbezogen. Rolf Schirm brachte sein „Struktogramm, mit dem ich gern arbeitete. Daraus erwuchs für mich der Anreiz, die Rollenbezogenen Verhaltensprofile zu entwickeln, die in Verbindung mit meinem Denkansatz „Persönlichkeit & Rolle" in Business und Leben in die Zukunft starteten.

Ein „Hobby" von mir wurden Erfolgsanalysen für Seminare und andere Maßnahmen. Denn es gab (und gibt) tausende Trainer, die in der komfortablen Lage waren, den Erfolg ihrer Arbeit nie belegen zu müssen, obwohl dafür jährlich Milliarden investiert werden.

In diesem Zusammenhang erwuchs bei mir die für Seminarleiter bittere Erkenntnis, dass Seminare in noch so tollem Ambiente keine Sieger machen. Sie bereiten – wenn sie was taugen – bestenfalls Erfolge vor. Gewinner entstehen in der Realität durch zielorientiertes Tun. Das Problem ist immer die Umsetzung. Also musste mehr Realität in die Maßnahmen zur Erfolgsverursachung. Diese Erkenntnis hatte weitreichende Auswirkungen auf meine Arbeit.

In Folge entstand das EHS-System für konzentrierte Erfolgsverursachung, dessen Umsetzung zu geradezu erstaunlichen Ergebnissen führte. Es ging mir darum, für die Umsetzung von Erkenntnissen ein Modell zu entwickeln, das sofort zu messbar besseren Ergebnissen führt. Die Idee war, mit unmittelbar erlebter positiver Verstärkung die Integration neuer Techniken und Methoden in das Verhalten zu dynamisieren. Das sollte sich überzeugend bewahrheiten.

Später entstand aus dem EHS das KVT für kombinierte Verkaufstage, ein Modell, das eine so wichtige Rolle in der Arbeit mit unseren Kunden und in vielen Unternehmen führen sollte. Darüber aber später mehr.

In der 3M aber bahnte sich damals eine Entwicklung an, die meine Laufbahn wieder neu entscheiden sollte. Der Bedarf an Weiterbildung wuchs und ein weiterer Trainer wurde eingestellt. Der war Dipl. soz. Päd., also ein diplomierter Sozialpädagoge. Das sind Leute, die mit erhobenem Zeigefinger geboren werden. Studiert wie er war, hatte er somit die weit besseren Potentiale. Für eine erfolgreiche Zukunft in der 3M sei dieser besser gerüstet als ich, wie der Personalentwickler, ein ebenfalls studierter Dipl. soz. Päd., mit wohlwollend-herablassendem Lächeln meinte. Ein höheres Wesen also, das gleich ein wesentlich besseres Gehalt bekam. Er sollte mir vorgesetzt werden. Mir!
Helmut Erbrecht zuckte nur noch verzweifelt mit den Schultern, denn gegen die Götter der Personalentwicklung konnte auch er nichts ausrichten. Mein Weg aber würde mit dieser Entwicklung enorm verbaut sein. Alle Diskussionen halfen nichts und es war an der Zeit, wieder nach neuen Ufern Ausschau zu halten. Ungern, aber zwingend notwendig.

Aufbruch III
Zurück in die Zukunft

In all den Jahren hatte ich viele Fachartikel geschrieben und diese immer aus einem intuitiven Gefühl heraus Reinhold Würth zugesandt. So entstand auch die Idee, Reinhold Würth einen Brief mit meiner seitherigen Entwicklung, verbunden mit einer Anfrage zu schicken. Sein Unternehmen war mächtig gewachsen und meine Erfahrung sagte mir, dass er mich jetzt ernsthaft brauchen könnte.

Die Antwort kam prompt und enthielt die Einladung für ein „unverbindliches Gespräch". Kurze Zeit später saß man sich gegenüber und hatte sich viel zu erzählen. Rolf Bauer, Stellvertreter von Reinhold Würth und Einkaufsleiter, Otto Beilharz, Finanzchef und Dieter Krämer, Leiter Organisation, kamen dazu. Insbesondere mit ihm verstand ich mich auf Anhieb und wir sind heute noch befreundet. Würths größtes und teuerstes Problem war die Fluktuation im Außendienst. Das sollte ich ändern und insbesondere auch für die Führungskräfte-Entwicklung als Leiter „Weiterbildung und Training" übernehmen. Damit wäre ich Mitglied der Geschäftsleitung und Reinhold Würth direkt unterstellt. Mit ordentlichem Gehalt und Dienstwagen.

Meine Bedingung war, dass ich dies drei Jahre lang machen werde und mich danach selbständig machen wolle. Mit Würth als erstem Kunden, versteht sich.

Würth sagte zu. Ich auch.

Das Kündigungs-Schreiben an meine geliebte 3M fiel mir schwer. Sehr schwer. Immerhin hatte ich diesem Unternehmen viel, wirklich viel zu verdanken. Helmut Erbrecht und Dieter Joop aber sagte ich zu, gegebenenfalls wiederholt zurückzukehren. Fast wäre es auch wirklich dazu gekommen. Aber nur fast.

Also hatte Künzelsau uns wieder und wir fanden in Niedernhall eine brauchbare Wohnung. Blutenden Herzens hatte ich mich von der 3M verabschiedet und der Umzug nach Hohenlohe kam mir plötzlich als ein Fehler zu vor. Wir zogen in die neue Wohnung; gegenüber wohnte Christoph Walther mit seiner Frau. Sie hatten es zu einem schönen Haus gebracht. Wir feierten unser Wiedersehen.

Ein Knall und mein linkes Ohr fühlte sich merkwürdig dumpf an. Ein Durchblutungsmittel aus der Apotheke sollte helfen. Tat es aber nicht. War trotzdem gut, es genommen zu haben, sagte mir später der Facharzt der Heilbronner HNO-Klinik. Dort fuhr ich nämlich hin und wurde sofort an den Tropf angeschlossen. Rolf Bauer, mein Ansprechpartner bei Würth, meinte zu der Krankmeldung nur, „das fängt ja gut an". Tage vergingen. Der Gehörsturz blieb Gott sei Dank ohne Folgen.

Nicht alle, die mich noch von früher kannten, freuten sich über meine Wiederkehr und meinen „Aufstieg". Ich merkte dies daran, dass man mir kritische und spitze Fragen stellte, die ich aber meist mit der Bemerkung quittierte, dass ich darüber nachdenken müsse und werde. Auf keinen Fall wollte ich schon im Vorfeld Diskussionen ohne den nötigen Hintergrund führen, den ich mir ja gerade erst erarbeitete.

Dass Menschen gern diskutieren weiß ich natürlich. Diskussionen dienen der Meinungsbildung und sind deshalb unerlässlich. Aber sie sind die schlechteste Methode, Probleme zu lösen.
Deshalb gibt es so viele Konferenzen, in denen viel geredet, aber nur wenig entschieden und gehandelt wird.

Auch bei Reinhold Würth ließ mich der Eindruck nicht los, dass er möglicherweise meine Einstellung nicht mehr für seine glücklichste Entscheidung hielt.

Die Einarbeitungszeit ließ mich den tatsächlichen Zustand bei Würth erkennen. Mächtige finanzielle Probleme waren unverkennbar und die Fluktuation im Außendienst lag teilweise bei über 50%. Die Bezirksleiter, die auch die Rekrutierung inne hatten, konnten die Leute gar nicht so schnell herankarren, wie sie wieder weg waren. Wohin man auch blickte, nur Baustellen. Ich aber war schon fast entschlossen, doch wieder zurück zur 3M zu gehen.

Wäre sicher auch passiert, denn die Weichen dafür hatte ich schon gestellt. Helmut Erbrecht freute sich schon auf meine Rückkehr wie er mir am Telefon sagte. Insbesondere auch deswegen, weil der neue Dipl. soz. Päd. bereits wieder weg war. Auch der Dipl. soz. Päd. Personalentwickler zeigte offenbar schon Reue und befürwortete meine Wiederkehr ausdrücklich. So Helmut Erbrecht. Ich war also schon auf Rückzug programmiert.

Wenn, ja wenn da nicht Anita gewesen wäre. Sie befahl mich zu einem Führungsgespräch und hörte mir erst mal geduldig zu. Dann kam ihre Ansprache. Kurz und unglaublich klar: „Hör mal", so begann sie, „ich kann verstehen, dass du dich nach deinen Erfolgen bei 3M zurücksehnst. Da warst du jemand, hier bist du noch nichts. Aber wo kannst du denn besser zeigen, was du kannst, als hier bei Würth!".

Das saß. Ab sofort sah ich die Würth-Welt wieder mit Pionier-Augen. Am nächsten Morgen stürmte ich in das Büro von Reinhold Würth und berichtete im Klartext über meine Eindrücke.
Er verstand und verwies auf das anstehende Management-Seminar mit Prof. Dr. Bruno Tietz, Leiter des Institutes für empirische Handelsforschung der Universität des Saarlandes in Saarbrücken. Neben dem solle ich bestehen – dann sieht man weiter. Das gefiel mir.

Der große Tag nahte und ich bereitete mich gründlich vor. Keinesfalls hatte ich die Absicht zu gefallen, sondern Klartext zu reden und meine Ideen mit entsprechenden Maßnahmen vorzustellen.

Entschieden im Auftreten, mit rhetorischer Klarheit. So und nicht anders. Alles oder nichts. Die Anspannung wich und Vorfreude kam auf.

Bruno Tietz kam gut an, was weniger dem Verstehen seiner Ausführungen als seinem Titel und seinen rhetorischen Fähigkeiten geschuldet war. Denn reden konnte er. Ich mochte ihn sofort.

Am Abend saß ich im Kreise der Würth-Granden und man diskutierte die heutigen Ausführungen von Bruno Tietz. Mir schlug eher mitleidiges Interesse in Anbetracht meines morgigen Debüts im Schatten des Professors entgegen. So ging ich früh schlafen.

In aller Frühe bereitete ich den Konferenzraum vor. 2 Flipchart, Overhead-Projektor, für diesen Tag vorbereitete Folien mit Konzept-Ansätzen, mögliche Lösungswege für definierte Probleme – ich war bestens vorbereitet. Vorbereitung heißt ja, „vorher – bereit – sein", PIN-Wand plus Moderationskarten und jede Menge Filzschreiber.

Der Raum füllte sich und ich zog mich zurück. Das übliche Vorgeplänkel mit guten Wünschen für bestes Gelingen – nicht mit mir. Jedenfalls nicht heute. Erst in gewissermaßen letzter Minute betrat ich den Raum und sah in zwar erwartungsvolle, aber auch mitleid-gespannte Gesichter. Reinhold Würth bat Platz zu nehmen und eröffnete den Tag mit einem Rückblick auf gestern und wie er- kenntnisreich doch die Stunden mit Bruno Tietz auch für ihn waren.

Dann mit Blick zu mir „Wir hören ihm heute zu und wenn wir alle tolerant sind, wird das sicher auch klappen. Er hat es ja nach gestern nicht gerade leicht". Später erzählte er mir, dass ihm zwischenzeitlich Zweifel kamen, ob ich die doch „harten Jungs" überzeugen und motivieren könne. „Sie meinen, dass ich untergehen könnte". „Das hielt ich durchaus für möglich" meinte er lachend.

Ich begann. Sehr klar sprach ich an, was mir in meiner Vorbereitungszeit aufgefallen war und dass es höchste Zeit dafür wäre, endlich die erfolgskritischen Themen zur Kenntnis zu nehmen und zu ändern. Karlheinz Mittler fragte betroffen, was ich denn damit meine. „Zum Beispiel die Fluktuation, an die Sie alle sich ja schon so gewöhnt haben, dass Sie diese fast schon als systemimmanent betrachten. Das aber ist ein fataler Irrtum und kostet Sie und das Unternehmen einfach zuviel Kraft. Man verblutet an der eigenen Toleranz eines unhaltbaren Zustandes." Das saß. Alle nickten zustimmend.

„Und was schlagen Sie vor?" fragte Karl Specht, der kommende Verkaufsleiter, der meiner Widerkehr durchaus skeptisch gegenüber gestanden hatte. „Wir brauchen ein Konzept für die Rekrutierung neuer Leute und nicht nur Inserat-Texte. Wir müssen wissen, wen wir mit welchen Eingangs-Fähigkeiten suchen. Die Aufstiegsmotivation aus dem Blaumantel in einen Anzug reicht nun mal nicht aus". Denn es waren fast immer ehemalige Handwerker, aus denen sich die Verkäufer rekrutierten. Ich fuhr fort „Eine Schnecke, die man trainiert, bleibt eine Schnecke und wird niemals Rennpferd. Wie das Konzept aussehen kann, werde ich am kommenden Montag in der MoKo (so wurden die immer am Montag stattfindenden Konferenzen der Geschäftsleitung genannt) mit dem Ziel vorstellen, darüber zu entscheiden". „Gut" meinte Reinhold Würth.

Dann nannte ich andere Themen und schlug Lösungen oder Lösungsansätze vor, berichtete von den Methoden und Zielen meiner Arbeit. Die Körpersprache der Teilnehmer veränderte sich. Sie hörten gespannt mit nun wohlwollender Aufmerksamkeit zu.

Karl Specht signalisierte deutliche Zustimmung. Der Bann für diesen Tag war endgültig gebrochen. Meine Ausführungen, Analysen und Vorschläge wurden ernsthaft kommentiert. Die Akzeptanz dafür war beeindruckend. Karl Specht, immer unglaublich direkt – er war ein kommunikatives Naturtalent, der egal mit wem über Gott und die Welt mit Tiefgang oder flapsig reden und ganze Tischgemeinschaften in kürzester Zeit in Hochstimmung versetzen konnte – wurde Freund und Fan meiner Arbeit. Auch persönlich verstanden wir uns prächtig. Er war und ist ein toller Typ.

In der Mittagspause kam Rolf Bauer, Stellvertreter von Reinhold Würth mit leuchtenden Augen auf mich zu, reichte mir die Hand und sagte „damit haben Sie gewonnen". Im Feedback zu diesem Tag meldete sich auch Reinhold Würth und erklärte coram publico an mich gewandt: „Sie sind die bisher größte Überraschung in meinem Leben und ich hätte mir das hier und heute nie träumen lassen. Ich gratuliere Ihnen". Das war ein öffentlicher Ritterschlag. Schön.

Nun hatte ich das beste nur denkbare Experimentierfeld für Ideen, Konzepte und Maßnahmen zur Verfügung. Niemand redete mir rein. Mann war das Klasse.
Die Reduzierung der Fluktuation verlangte besondere Anstrengungen. Einer der Hauptgründe für die unglaublich hohe Fluktuation war, dass die Distrikt- und Gebietsleiter, die ihre Mitarbeiter selbst rekrutierten, dies „frei Schnauze" taten. Die generelle Falle ist ohnehin, dass man immer versucht ist, sich selbst, nur eine Nummer kleiner, zu suchen. Die Probleme bei der Einstellung neuer Leute waren wirklich krass. Das musste geändert werden.

Background
Die Richtigen am richtigen Platz

Wie wir später noch sehen werden, sind die Rollen-„Charaktere", mit der unsere „Persönlichkeit" in der Außenwelt agiert, von entscheidender Bedeutung. Es ist nun mal nicht erfolgsfördernd, wenn ein Vergangenheits-verhafteter Verwalter mit Aufgaben betreut wird, die einen konzeptionell denkenden zukunftsorientierten Entwickler verlangen.

Würth war und ist eine auf unbedingtes Wachstum fokussierte jagdorientierte Handelsgesellschaft mit Kontakt- und Betreuungserfordernis für seine Handwerks-Kunden. Eine Analyse besonders erfolgreicher Verkäufer zeigte, dass diese in der Lage waren, ergebnisfokussierte Beziehungen aufzubauen und das Gesamt-System in ihrem Verkaufsgebiet gut verwalten zu können.

Die „idealen" Rollen und deren Kombination war somit: Jäger, die über Zielkonsequenz verfügen, Kontakter mit kommunikativem Geschick, Verwalter mit Talent für systemorientierte Arbeitsmethodik. Erst später erkannte ich, dass eine von diesen definierten Eigenschaften besonders ausgeprägt sein muss, wenn zwei erwünschte andere Rollenenergien fehlen, beziehungsweise schwach ausgeprägt sind.

Das Rollen-Differenz-Modell gab es damals so noch nicht, aber die Fähigkeiten, die die neuen Leute mitbringen sollten, waren bereits nahe an diesen Erkenntnissen definiert und ein Vorläufer der später entwickelten Verhaltens-Tendenz Rollenprofile half Rekrutierungsfehler zu reduzieren.

Das Rekrutierungs-Konzept wurde angenommen und den Führungskräften in Workshops vorgestellt und der Ablauf trainiert.

Altes weicht nicht ohne Kampf

Das Würth-eigene Rabattsystem war zwar von der „40 + 20 + 10 % „Rabattorgie" befreit, aber immer noch sehr gewöhnungsbedürftig. Bei den neuen Leuten stieß es vielfach auf Unverständnis und Ablehnung. Es war in der Tat nicht nur ein Verständnisproblem, sondern für viele der neuen Verkäufer auch nur schwer zu akzeptieren.

Die Preisgestaltung oblag den Verkäufern selbst und bestimmte auch die Höhe der Provision. Dabei waren nicht nur die in unterschiedliche Provisionsstufen eingefassten Grundpreise variabel, sondern auch die Rabatte. Motto: Sage mir wieviel Rabatt du haben willst und überlasse mir die Grundpreis-Stufe. Fixiert auf die Rabatthöhe beachteten die Kunden – Handwerker – die Grundpreise nur wenig. Glaubten sie doch, die seien ebenso wie Schrauben für alle Anbieter „genormt". In der Tat gab es eine branchenübliche „Industriepreisliste", wo dies zutraf.

Nicht alles konnte intern geklärt werden und mit Rückendeckung von Rolf Bauer und Dieter Krämer fuhr ich nach Saarbrücken zu Bruno Tietz. Ich schilderte offen die Situation im Unternehmen und bat auch im Namen von Rolf Bauer und Dieter Krämer um seine Unterstützung. Bruno Tietz hielt sein Wort. Leider fiel er bei Reinhold Würth für längere Zeit in Ungnade, wurde aber später rehabilitiert und hatte dann wieder vollen Einfluss, was dem Unternehmen überaus gut bekam.

Der Absturz seines Privat-Flugzeuges kostete ihn das Leben. Wirklich schade um diesen außergewöhnlichen Menschen.

Ein weiterer Kernpunkt für die Fluktuation war die Ausbildung neuer Verkäufer. Sie war eine einzige Katastrophe. Die armen Neuen mussten das gesamte Produktwissen in Verbindung mit einer an sich schon komplizierten Administration – allein das Durchdringen des Preis-Systems war mühsam – und weitere zig Themen in nur einer Woche lernen. Danach noch ein paar Tage mit dem Gebietsleiter unterwegs. Das war's. Unglaublich, aber wahr.

Das Konzept, das ich dann entwickelte, stieß auf harten Widerstand. Verlangte es doch eine sechs Monate(!) umfassende Einarbeitung. Reinhold Würth:„Sechs Monate sind eine lange Zeit. Werden die neuen Leute dadurch nicht zu verschult – und verkraftet dies das Unternehmen überhaupt? Sie wissen, dass wir derzeit finanziell nicht die beste Situation haben...".

Ich hatte diese Fragen erwartet und rechnete nun die Kosten der Fluktuation vor: Die Rekrutierung, die bisherige „Ausbildung", die Erst-Ausstattung mit Firmenwagen und die Start-Gehälter.

Während der ersten Monate bekamen die Neuen Verkäufer ein Fixum, das der Höhe ihrer zuletzt erzielten Einkommen entsprach. Danach wurde auf das firmeninterne Provisions-System umgestellt, durch das ja dann wesentlich höhere Einkommen erzielt werden sollten. Da dies – bedingt durch die vollkommen unzureichende Einarbeitung – selten klappte, kündigten die Leute reihenweise.

Das ist aber längst nicht alles, rechnete ich Reinhold Würth vor:

Die nie ermittelten Kosten für:

• Vertrauensverluste durch kündigungsbedingt brachliegende Gebiete und nicht betreute Kunden,
• die dadurch verursachten hohen Umsatzverluste,
• die Vorteile, die den Wettbewerbern aus solchen Situationen erwachsen...

Es handelte sich dabei um enorme Summen, die nie jemand vorher so bedachte. Reinhold Würth war beeindruckt. „Das müssen Sie in einer Gesamtkonferenz mal allen klarmachen – und über ihr Einarbeitungs-Modell reden wir danach".

Dann die Diskussion in der Entscheidungskonferenz. Die meisten Fragen werden ja nicht gestellt, um Antworten zu bekommen, sondern um sich mit der Frage zu profilieren. So auch hier. Wem es wirklich um die Sache ging, verstand und zog die anderen mit. Die Abstimmung über das Neue-Verkäufer-Modell brachte überwältigende Zustimmung. Reinhold Würth erklärte das neue Modell zu seiner Idee. Besser ging's nicht.

Sofort ging er an die Umsetzung. Marketing, Vertrieb, Logistik, EDV: Verfahren wurden präzisiert, Logistik und System-Knowhow dokumentiert. Dieter Krämer erfand das Handbuch Würth, das „Problem-Action-Package PAP", die Gebrauchsanweisung für das System Würth. Weltweit einsetzbar.

Das Neuverkäufer-Modell erhielt programmiertes Produktwissen, kurze knackige Flyer die alles nötige über metrische und zollbezogene Gewindearten aussagten. Die Administration und das „Pricing" (Strategien im Reich der Konditionen) wurden lerngerecht aufbereitet, Provisionsberechnungen erklärt.

Ergänzt wurde dies alles durch kombinierte Praxis-Einsätze mit zu Mentoren ausgebildeten Verkäufern; Einsatz- und Reife-Tests für die kommenden Verkaufsaufgaben festgelegt. Schließlich die Übernahme des eigenen Verkaufsgebiets mit durchdachter Betreuung durch die Gebietsleiter.

Unter anderem führte ich das KVT-Modell (= Kombinierte Verkaufs Tage, bei 3M noch EHS-System) zur sofortigen Steigerung des Verkaufserfolgs ein. Das funktionierte phantastisch und die Zahlen stiegen drastisch. Die Gebietsleiter lernten damit umzugehen.
Es war eine aufregende Zeit.

Auch heute noch wird das KVT-Modell im Haus Würth praktiziert, wie ich weiß.

Background
KVT® – Kombinierte Verkaufs-Tage

Die KVT-Technik

Die Effizienz dieses Modells besteht im Wechsel von Theorie und Praxis. Jeweils abends – für etwa drei Stunden – treffen sich die Teilnehmer im Hotel zum Erfahrungsaustausch beim Tages-Feedback. Jeden Abend wird ein anderes Thema besonders betont und jeweils am nächsten Verkaufstag angewendet. Erforderliche Bestätigungen oder Korrekturen sind sofort möglich.

Denn nichts führt besser zu effizienterem Verhalten als erlebter Erfolg, den man durch intelligente Vorgehensweise im Spiel mit sich und seinen Möglichkeiten erlebt. Die Ziele für die einzelnen Schritte sind:

Das KVT – Erkenntnis-Ziele

Die Teilnehmer sollen erfahren, dass die Konzentration auf wenige Schwerpunkte ihre (Erfolgs-)Welt verändern kann.

1. Tag: Ziele definieren
Was soll am Schluss des Besuches erreicht sein. Dies soll dem Kunden zur Einstimmung ins Gespräch auch gesagt werden.

2. Tag: Fragen, Zuhören, Fragen, Zuhören, Fragen...
Sich mit Fragen in erwünschte Ergebnisse experimentieren. Offen, geschlossen, alternativ...

3. Tag: Verbindlichkeit herstellen
Verbindlichkeit ist hier nicht im Sinne von „Höflichkeit" zu verstehen. Wie verbindlich ist mein Besuch? Es gibt nur juristische Un-

verbindlichkeit. Es gibt aber keine „unverbindlichen" Besuche und Handlungen.

Sie sind Zeitverschwendung und Blindleistung am Punkt der Wertschöpfung. Es geht darum, Verbindlichkeit in Bezug auf Aussage und Beziehung herzustellen. Erfolg ist was aufgrund des Verhaltens er-folgt. Es ist deshalb auch die Folge verbindlicher Klarheit im Bemühen, das Beste zu leisten.

4. Tag: Lebe begeistert und gewinne (Dale Carnegie)
Wie fühlt sich Begeisterung an, wie stellt man Begeisterung her?

5. Tag: Konzentration auf die Rolle
Bewusst machen von Rollen und die Erwartungen an unterschiedliche Rollen verstehen. Verhalten in Rollen bewusst erleben.

Die KVT- Organisation
Treffen am Vorabend um 17.00 Uhr im Seminarraum, um für den ersten Tag vorzubereiten. Einführung in den KVT- Ablauf, Einsatz-Schwerpunkte nach Themen und nach KVT-Zielen.

1. Tag, Montag:
Start direkt zu den Kunden.
Ab 16.00 Uhr:
Erlebnisberichte, Auswertung, Erkenntnisse.
Themenschwerpunkte für den nächsten Tag festlegen und Vorbereitung des kommenden Tages.

2. – 4. Tag,
Start und Ablauf wie am Vortag.

5. Tag, Freitag:
Start wie am Vortag.
15.00 Uhr Treffen im KVT®-Trainings-Raum.
Aufarbeiten aller Erlebnisse und Erkenntnisse.

Feedbackrunde.

Die KVT- Planung

Die KVT-Reise und Einsatz wird mit den Verkäufern auf Basis einer speziellen Matrix durchgeführt. Wer mit wem fährt und welche Kunden mit welchem Ziel besucht werden.

Anmerkung:
Als später das **MarktSpiel®System** verfügbar war, wurde besonderer Wert auf ein speziell für ein Unternehmen definiertes, individuelles **MarktSpiel®Konzept** gelegt, das von allen Beteiligten verstanden wird. Diese Umsetzungs-Strategie erwies sich als überaus sinnvoll, denn

- Gehört bedeutet nicht verstanden
- Verstanden heißt nicht einverstanden
- Einverstanden heißt noch nicht umgesetzt
- Umsetzen kann man immer auch falsch...

Anders ausgedrückt: Es geht es um
die strategischen ...   **und mentalen Erfolgsfaktoren:**

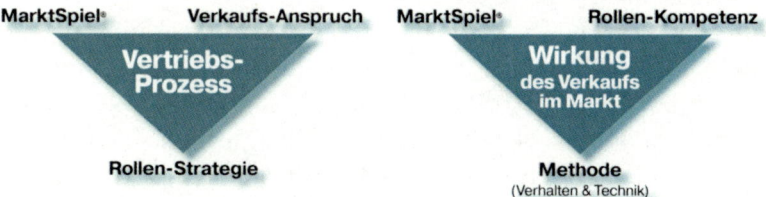

Der Einsatz erfolgte jeweils in relativ erfolgsarmen Gebieten. Je nachdem wie viele Coaches zur Verfügung standen, konnten bis zu 8 Verkäufer an einem KVT teilnehmen.

Die Ergebnisse waren immer beeindruckend, wie die nachfolgende Grafik zeigt. In Bezug auf die Ausgangs-Situation, das waren die Umsatz-Zahlen des letzten halben Jahres in Bezug auf die nun eingesetzte Verkaufszeit im KVT, betrug die anteilige Steigerung oft mehr als das Doppelte. Danach setzte sich die Steigerung durch den Gebietsinhaber zwar deutlich fort, erreichte aber nicht mehr die in der Ausnahme-Situation erreichte Steigerung. Aber es reichte auch so für den so wichtigen Impuls dafür, was möglich ist.

Die Eliminierung von Blindleistungen.
Die KVT-Methode habe ich für von Blindleistungen befreite Umsetzung von Strategien & Konzepte und für *sofortigen* Mehrerfolg entwickelt. Die folgende Grafik bezieht sich auf die im KVT® durchschnittlich erreichte Ergebnis-Steigerungen:

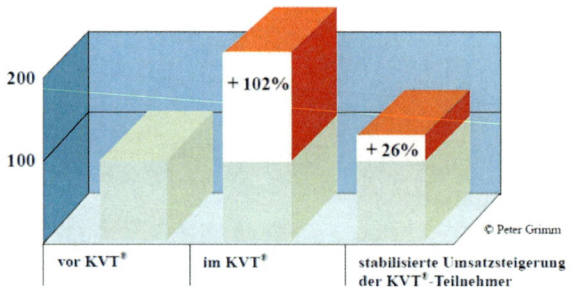

Die Auswertung über die Zahlen erfolgte immer so, dass der durchschnittliche Umsatz des letzten halben Jahres in Bezug auf die im KVT zur Verfügung stehende Zeit als Eingangswert definiert wurde. Die im KVT erreichte Steigerung – übrigens in allen Branchen – war immer beeindruckend. Erstaunlich war aber auch, dass der Erfolg der Akteure nach dem KVT nicht abbrach, wenngleich er auch nicht auf dem erreichten Niveau der Ausnahme-Situation des KVT-Modelles blieb.

Das Blatt wendet sich

Hand in Hand mit solchen Maßnahmen musste die Führungsqualität insbesondere der Gebietsleiter verbessert werden. Aber auch die der Distriktleiter, den Vorgesetzten der Gebietsleiter, die sich oft wie Fürsten verhielten.

Das Blatt wendete sich. Erst langsam, dann aber zügig und nachhaltig. Vieles wurde anders. Tolle Leute wirkten zusammen. Siegfried Elser kam als Marketingberater zu Reiner Wöhrle, dem damaligen Marketing-und Werbechef. Siegfried Elser war wie ich von der EKS überzeugt und wir verstanden uns auf Anhieb und arbeiteten lange Jahre auch in anderen Unternehmen zusammen. Er schlug vor, den Würth-Katalog, der wie branchenüblich von A–Z die Produkte abbildete, radikal zu ändern. Nicht mehr die Produkte sollten in den Vordergrund gestellt werden, sondern deren Einsatzbereiche aus Sicht der Handwerkskunden. Wir holten sie damit am eigenen Erleben in deren Praxis ab.

Statt alle Arten von Bohrern oder Sägeblätter und so fort zu präsentieren, wurden Einsatzcluster definiert. Was genau braucht ein Handwerker, um einen Balkon zu montieren. Oder was benötigt ein Schreiner, um eine Inneneinrichtung für eine Bank zu fertigen. Es wurden also Einsatzgebiete definiert, diese in vergleichbare Cluster eingebracht und so konnten die Handwerker in ihrem eigenen Arbeitsfeld abgeholt werden. Diese Angebots-Strategie hatte so auch „Checklisten-Funktion" mit dem Zusatznutzen, Handwerkern des jeweiligen Gewerkes eine Hilfe dafür zu bieten, nichts zu vergessen.

Dass diese Strategie auch die Entwicklung der Sortimente wie auch die spätere Positionierung „Der Montageprofi" beeinflusste, steht für mich fest. Ohne damit die Leistungen der hierfür verantwortlichen späteren Denker schmälern zu wollen.

Eine der wichtigsten Entscheidungen aber war, Würth selbst konsequent zur Marke zu entwickeln. Das war unglaublich mutig und unschätzbar weitblickend. Eben Würth.

Aufbruch IV
Mut zum Erfolg

Die Zeit schritt voran. Seminararbeit, Analysen, Berichte, Konferenzen und, und, und. Das Ende der drei Jahre war abzusehen und ich begann, mich mit meiner Selbständigkeit zu beschäftigen. Zudem zog es uns zurück nach NRW – in Hohenlohe wurden wir einfach nicht heimisch. Hinzu kam, dass ich mir von dort aus die besseren räumlichen Chancen für meine Selbständigkeit versprach.

Die Gelegenheit dafür ergab sich, weil es im Distrikt NRW für Würth massive Probleme auf allen Ebenen gab, die von Künzelsau aus nicht in den Griff zu bekommen waren. So bot ich an, neben meiner Aufgabe als Leiter der Weiterbildung kommissarisch das Kommando über den Distrikt NRW zu übernehmen und Reinhold Würth meinte, dass ich dies in Ordnung bringen würde. Passt.

Wir kauften eine wirklich schöne Wohnung in Norf bei Neuss, weil wir wussten, dass wir nicht wieder zurück gehen würden. Denn die drei Jahre der internen Zusammenarbeit bei Würth gingen ja bald zu Ende und Hohenlohe war ganz bestimmt nicht der Wunsch für unsere familiäre Zukunft.

Neben der schwierigen Sanierung des Distriktes arbeitete ich an der Vorbereitung zur Selbständigkeit und Anita begann telefonisch zu akquirieren und knüpfte viele Kontakte. Es war die Vorbereitung für unser späteres Akquisitions-System, mit dessen Hilfe wir unsere Trainer und Berater ausbuchten. Das aber konnten wir zu diesem Zeitpunkt noch nicht einmal erahnen.

Im Berufsverband BDVT (Bund deutscher Verkaufs-und Management-Trainer), dem ich seit langem angehörte, übernahm ich den Neuaufbau des schwächelnden Arbeitskreises „Weiterentwicklung der Verkaufs- und Management-Methoden". Dieser Arbeitskreis hatte nur noch acht Mitglieder. Das lag an dessen voriger Leitung. Bereits wenig später drängten über 70 Mitglieder in den Kreis. Meine Arbeit war gefragt und ich freute mich darüber.

Jedenfalls solange, bis ich begriff, dass es zu viele Berufs-Vampire gibt, die Ideen einfach übernehmen, ohne sich selbst je einzubringen. Geben ist beileibe nicht immer klüger als Nehmen und so verlor ich die Lust, einseitig zu produzieren und gab den Arbeitskreis nach einigen Jahren „aus akutem Zeitmangel" auf. Die für mich wichtigen Kontakte aber pflegte ich weiter, was sich als sehr wichtig erweisen sollte.

Die Milliarden-Konferenz

Wie in vielen Unternehmen glaubte man auch bei Würth, einen Kunden-Beirat haben zu sollen. Das klang modern und dynamisch und ist mit Sicherheit auch sinnvoll, wenn die Kunden, die im Beirat sind, nicht nur auf die Verbesserung der Konditionen, sprich Preise, aus sind, sondern mitdenken. Beiratsvorsitzender war Hermann Maier, genannt Welt-Maier, weil er schon überall auf der Welt war. Im Verlaufe der Sitzung fragte er unvermittelt, warum Würth keine Schrauben-Regale für Schreinereien anbietet.

Für Schreinereien Regale? Wir dachten, das sei ein Scherz und brachten dies auch zum Ausdruck. Hermann Maier kühl: „Ihre Reaktion zeigt nur, dass Sie alle keine Ahnung von Schreinereien haben". Wow. Erstaunt und verblüfft fragte Rheinhold Würth „Ha jetzt aber, Herr Maier, wie meinen Sie das jetzt"?

Seine Antwort: „Hat einer von Ihnen je mal genau hingesehen, wie es im Schraubenlager einer Schreinerei wirklich aussieht"? Peng.

Tausend Bilder dieses in der Tat hoffnungslosen Chaos schossen nicht nur mir durch den Kopf und wir verstanden.

Zeitnehmer-Kurzseminar durch einen REFA-Fachmann für einige aufgeweckte Bezirksleiter. Aufgabe: Herausfinden, wieviel Zeit für die Auswahl der richtigen Schrauben und deren Abmessungen aufgewendet wird. In Schreinereien, zu denen Würth beste Kontakte hatte, wurden die Erhebungen gemacht. Das Ergebnis war fast sensationell: In einer Schreinerei mit zehn Mitarbeitern ist statistisch ein Mann bezogen auf ein Jahr nahezu einen ganzen Monat mit der Auswahl der richtigen Schrauben beschäftigt.

Das Ergebnis war OrSy; Ordnung mit System. Karl Weidner, der geniale Produktmanager, setzte die Idee um. Es konnte durch die Schreinereien mit den dort gebrauchten Sorten und Abmessungen „programmiert" und bestückt werden. Es wurde allerdings ein Fehler eingebaut: Nur Würth-Pakete passten da rein.

Später werden OrSy Regale im gesamten Handwerk, aber auch in der Industrie stehen, wo über Verwiegung der Verbrauch und die Nachbestellungen „automatisch" erfolgen. Eine genial-innovative Meisterleistung, ausgelöst durch die einfache Frage eines Schreiner-Profis. Karl Weidner aber litt an einer unheilbaren Krankheit und starb. Er hätte – nicht nur wegen Orsy – ein Denkmal verdient.

Hindernisse auf dem Weg

Die Vertragsjahre bei Würth gingen zu Ende und ich kündigte. Das rief Rolf Bauer auf den Plan, der mit der Kündigung überhaupt nicht einverstanden war. Ebenso Karl Specht, mittlerweile Verkaufsleiter und mein wichtigster Partner. Es wurde ein Angebot für mich erarbeitet von dem alle annahmen, dass ich dieses wohl nicht ausschlagen könne. Mehr Geld, Prokura in Aussicht und viele andere schöne Privilegien. Zugegeben ich schwankte mächtig.

Wieder bat Anita zu einem Führungsgespräch. Wieder war es kurz und klar: „Wir wollen uns selbständig machen und nun zieht es dich in einen goldenen Käfig. Ohne mich".

Es blieb bei der Kündigung. Bei Würth war man sauer. Nur Rolf Bauer verstand. Später sagte er mir, dass ich es völlig richtig gemacht hätte. „Denn du wärst in deiner Position wie so viele in Weiterbildung & Training früher oder später zum Sprachrohr des Managements geworden – und diese Rolle liegt dir nun mal nicht. Du bist unbequem. Das ist auch gut so und so muss es auch bleiben. Angestellt und Weisungsabhängig würdest du verkümmern". Klare Worte von einem klugen Mann, der immer ehrlich war.

Würth aber blockierte zunächst die Zusammenarbeit. Einige wenige Alibitage wollte man mir abkaufen und mich damit aushungern. Wie ich später erfuhr, wurden intern bereits Wetten abgeschossen, wann ich wieder „dabei" sei. Das aber war bei mir anders entschieden. Anita sei Dank!

Für mich aber zahlten sich die vorbereiteten Kontakte aus. Peter Fuchs, Inhaber einer gut gehenden Werbeagentur und guter Freund, sowie viele andere wurden zu meinen Förderern. Aus dem BDVT kamen Anfragen und ich war ganz schnell richtig ausgebucht. So zum Beispiel lud mich Glücksklee in Hamburg ein, meine Ideen und Vorstellungen zu präsentieren. Ein Drei-Jahresvertrag war die Folge.

Meine Auftragslage entwickelte sich bestens. Eine durchdachte Akquisitions-Strategie von Anita und insbesondere nachhaltige Empfehlungen hielten mich in Atem. „Invisible Hands" sind offensichtlich eine der Säulen, auf denen das „Glück des Tüchtigen" beruht. Der Weihnachtmann hatte bei mir eh ausgedient.

Nun aber kam auch Würth massiv mit Aufträgen. Der Umfang der Buchungen hätte mich vom Markt geholt und ich wäre ja wieder voll unter der Würth-Flagge unterwegs. Tolle Strategie. Das aber ging so nicht und ich holte mit mir aus dem BDVT verbundene Kollegen und stellte sie bei Würth vor. Karl Specht, mein interner Partner und durchaus auch Freund, lehnte sie ebenso wie Reinhold Würth alle ab.

Bis mir Heinz Groschke einfiel. Er war mit mir schon bei 3M. In München traf ich ihn. Er wollte ohnehin mit mir schon immer zusammenarbeiten, war aber bisher zu beschäftigt. Ihn konnte man bei Würth nicht ablehnen – er war zu gut. So wurde er zu meinem ersten Mitstreiter. Viele andere sollten folgen.
Würth wuchs und Reinhold Würth schrieb Wirtschaftsgeschichte, wurde Kunstmäzen von Weltrang und als Unternehmer zur Legende. Es folgten die von ihm doch sehr ersehnten akademischen Würden: Ehrendoktorwürde und Ehrensenator der Universität Tübingen, Berufung zum Honorar-Professor (mit Lehrstuhl an der Universität Karlsruhe), Bundeverdienstkreuz erster Klasse und vieles mehr adelten sein Werk. Es sei ihm von Herzen gegönnt.

Das Florian Prinzip

NRW war zwar schön, aber entsprach nicht mehr dem Freizeitwert, den wir uns erträumten. Unser Weg führte uns nach Bad Aibling im schönen Oberbayern. Ein fast fertiges Haus in Willing, einem Ortsteil von Bad Aibling, erregte unser Interesse.

Der Bauherr lebte in Scheidung. Er hatte sich mit seiner Frau während der Bauzeit hoffnungslos zerstritten. Schön für uns.

Der Bauaushub schien auch die Grundstücksgrenze zu sein. „Nein, nein", erklärte uns der Bankmensch, der für den Verkauf zuständig war, „das Grundstück ist fast 2000 qm groß und am Grundstücksende befindet sich ein kleiner Bach". Ein Bach!!!

Anita war nicht mehr zu halten. „So hab ich's mir immer vorgestellt. Ein Haus mit großem Grundstück und einem Bach. Davon hab ich schon als kleines Mädchen geträumt". Alles klar.
Ein Notartermin war schnell gefunden.

Wir ließen das Haus fertig stellen und zogen ein. Unsere schöne Terrassenwohnung in Norf hatten wir verkauft. Leider. Hätte ich geahnt, wie gut uns die Selbständigkeit auch finanziell bekommen würde, hätten wir dies nie getan. Unser finanzieller Grundsatz aber war, blieb und ist, nichts zu kaufen, was nur mit Kredit möglich ist. Mit Ausnahme der ersten Wohnung und des Hauses in Bad Aibling haben wir dies strikt eingehalten. Das Haus war in kürzester Zeit abbezahlt, die Vorfälligkeitsentschädigung für die Bank ärgerte zwar – aber frei zu sein von Schulden ist buchstäblich unbezahlbar.

Kurze Zeit später der Schock: Am anderen Ufer des Mühlbaches – so hieß der kleine Fluss – direkt gegenüber dem Grundstück war eine Umgehungsstraße geplant. Der Planfeststellungsbeschluss stand unmittelbar bevor. „Ja, wussten Sie denn das gar nicht?" fragte erstaunt ein Nachbar. Nein, wir wussten nichts davon. Ein Anruf noch kurz vor dem Notartermin bei der Stadtverwaltung Bad Aibling, ergab, dass „keine Benachteiligung des Grundstückes bekannt sei".

Es gab die „Interessengemeinschaft Willing" und die hatte Widerspruch eingelegt. Der schloss ich mich an und wurde sofort im Vorstand der Gemeinschaft aktiv.

Dr. Rudolf vom Straßenbauamt in Rosenheim besuchte mich und erläuterte die Pläne. In sechs Meter Höhe sollte die Straße am Grundstück verlaufen. Willing als Ortsteil wäre völlig zerstückelt. „Das wird Ihnen der frühere Bauherr ja wohl nicht verschwiegen habe", meinte der Planer süffisant. Hatte der aber.

Der Bankmensch wusste davon auch nichts. Auch im Kaufvertrag keine Silbe. Wie wir später erfuhren, hatte der Vorbesitzer des Grundstückes, ein Rechtsanwalt, zwar verfügt, dass der Sachverhalt mit der Straße bei Wiederverkauf im Kaufvertrag zu stehen habe, aber daran hielt sich halt der liebe Mitmensch, von dem wir das Haus kauften, nicht. Ein Prozess gegen ihn war sinnlos. Er war pleite.

Ich sah Dr. Rudolf fest in die Augen „...ich garantiere Ihnen, dass Sie diese Straße so niemals bauen werden...". Hohnlachend verließ mich der Planer.

Die „Interessengemeinschaft Willing" hatte inzwischen einen für die erfolgreiche Verhinderung von „Umgehungsstraßen" berühmten Anwalt gefunden. Manfred Wittig, der Vorsitzende der Gemeinschaft, und andere engagierten sich unglaublich. Ein Modell der Straßen-Planung wurde in unendlich vielen Arbeitsstunden von Mitgliedern der Interessengemeinschaft erstellt und im Rathaus aufgebaut. Die „Aiblinger" sollten mit eigenen Augen den Irrsinn dieser Planung sehen. Das aber interessierte dort keine Sau. So gut wie niemand ging hin.

Die Wahrheit des „Florian-Prinzips" wurde uns deutlichst vor Augen geführt.

Der Prozess in der 1. Instanz begann mit ziemlich idiotischen Befangenheitsanträgen unseres Rechtsanwaltes gegen das Gericht. Er war buchstäblich „voll" da, liebte halt den Alkohol. Haarsträubend seine Begründungen. Wir wurden immer unruhiger. Natürlich wurden die Anträge abgelehnt, was den Anwalt allerdings nicht mehr berührte. Er war im Gerichtssaal eingeschlafen. Die 1. Instanz ging mit Pauken und Trompeten verloren.

Das Gemeindehaus wurde zum Tollhaus, als Manfred Wittig die Gründe der Niederlage erläuterte. Dann war ich dran und ging ans Mikrofon: „Wir haben die erste Instanz verloren", sagte ich „das ist wahr und freut keinen. Aber die erste Instanz verloren zu haben, ist noch keine Katastrophe. Warum? Es gibt keinen solchen Prozess, der in einer einzigen Instanz entschieden wird. Also ist es besser, wir verlieren die erste und gewinnen die zweite Instanz. Wenn wir das aber erreichen wollen, müssen wir den Anwalt wechseln". Den Anwalt wechseln? Die meisten Mitglieder der Interessengemeinschaft glaubten vermutlich, dass so ein Anwalt ein höher gestelltes Wesen sei, das man nicht angreifen dürfe. Wir taten es trotzdem und wechselten zu einem fähigen Mann, der uns als Anwalt bestens betreute.

In der zweiten Instanz wurde der Planfeststellungsbeschluss für null und nichtig erklärt. Der neue Anwalt war wirklich Klasse. Eine neue, vernünftige Planung wurde erstellt und hochwirksame Lärmschutzmaßnahmen eingebaut, die – so setzte es der neue Anwalt durch – noch vor Baubeginn zu erstellen sind. Die Stadt Bad Aibling erklärte, dies notfalls selbst zu finanzieren. So geschah es auch und heute sind alle mit der umgesetzten Lösung zufrieden. Auch unser Grundstück war gerettet. Keine Chance zum Betrug für den Weihnachtsmann.

Aufbruch V
Und weiter führt der Weg

Geschäftlich lief es weiter ausgezeichnet, obwohl mich gutmeinende Kollegen aus Düsseldorf inständig warnten, „so weit weg vom Schuss" nach Oberbayern zu ziehen. Nun ja, wir ließen uns nicht beirren. Gott sei Dank.

Ich konzentrierte mich mehr und mehr auf die branchenübergreifende Lösung und Umsetzung vertriebsbezogener Themen B2B, Business-to-Business. Unmerklich hatte ich mich vom Verkaufstrainer zum Berater für die vertriebsbezogene Unternehmensführung entwickelt.

Die Seminar-Form benutzte ich, um die vertriebsverantwortlichen Mitarbeiter zu verstehenden Co-Schöpfern erforderlicher Umsetzungs-Maßnahmen zu gewinnen und diese zum Beispiel in KVT-Maßnahmen im Markt zu verankern.

Erst viel später und in Bezug auf meine eigenen Mitstreiter erkannte ich, dass Verkaufstrainer nur sehr bedingt zu (Unternehmens-)Beratern taugen, während es nur wenige Beratungsprofis gibt, die auch die Seminararbeit gut können. Verkaufstrainer sind Methodenorientiert, Berater müssen analytisch und Strategiebezogen denken. Verkaufstrainer sind eher Methoden-Verwalter während Berater auf die konzeptionelle Gestaltung der Unternehmensentwicklung fokussiert sind. Beide Kompetenzen zusammen in einer Person vereint, ist eher selten.

Ein kritisches Wort zum Verkaufstraining

Verkaufstrainer tun vieles – nur nicht trainieren. Ein paar Rollenspiele bewirken nun mal keine Verhaltensänderung. Im Sporttraining lässt der Trainer den Sportler tausendmal die Strecke laufen, tausendmal die gleiche Übung machen, bis sich das erwünschte Resultat einstellt. Verkaufstrainer, die das in ihren Seminaren tun würden, hätten wohl kaum mehr einen Folgeauftrag. Der Trainer ist auf gute Resonanz, auf tolles Feedback angewiesen. Nur das bringt Folgeaufträge. Deshalb entwickelte sich das Verkaufstraining auch immer mehr hin zum Entertainment.

In Bezug auf den Auf- und Ausbau von Fähigkeiten der Teilnehmer aber gleicht das dem Versuch, die Uhr anzuhalten, um Zeit zu sparen. Die meisten Verkaufs-Seminare sind mehr sozialkaritative Maßnahmen zur Gewissensberuhigung des Managements. Motto: „Wir haben nicht versäumt zu tun". Deshalb werden in Bezug auf das Verkaufstraining auch so erstaunlich wenig Kosten-Nutzen-Analysen durchgeführt.

Der Sanierungsaufwand für defizitäre (Berufs-)Grundlagen ist hoch. Wer echte Verhaltensänderungen erwartet, der unterschätzt den härtesten Klebstoff der Welt: Die Macht der Gewohnheit. Um diese zu eliminieren, braucht es mehr als ein paar AHA-Effekte. Wetten dass?

Background
Das Problem, Verhalten zu ändern

Eine Geschichte in sechs Bildern:

1. Feststellung, dass sich da jemand falsch verhält...

2. ...die Einleitung des Lernwegs zum richtigen Verhalten

3. ...der Ort des richtigen Verhaltens

4. ...ein Vor-Bild – sagt mehr als tausend Worte

5. ...er hat's jetzt hoffentlich verstanden

6. ...die Umsetzung ist halt das Problem

Die Macht der Gewohnheit ist wirklich der härteste Klebstoff der Welt.

Enttäuschungen und Rückschläge

Durch eine Querverbindung bekam ich Kontakt zu Daniel Goeudever, Vorstandschef der Ford-Werke AG in Köln. Er ließ mich kommen und ich berichtete von meiner Arbeit. Er hörte mir aufmerksam zu und erzählte dann, was ihn in Bezug auf die Ford-Händler stört: Der Handel meint, dass er den Erfolg des Herstellers verursacht – bei den Herstellern ist es genau umgekehrt.

Daniel Goeudever bat den Marketing-Chef zu uns und wir philosophierten über Möglichkeiten und Chancen dafür, wie man ändert, was zu wünschen übrig lässt. Wir vereinbarten einen Start-Workshop mit allen Verkaufs- und Marketingverantwortlichen in Bad Aibling. Kurz vorher trafen wir uns in Bad Aibling zur konzeptionellen Feinarbeit. Daniel Goeudever war ein motivierender Gesprächspartner mit enorm viel Tiefgang. Ein Philosoph als Manager. Wie erfrischend.

Aus diesem Treffen entstand ein Handel-Entwicklungskonzept, das nun den Händlern beziehungsweise deren Inhabern und Verkaufsleitern in Workshops nahegebracht werden solle. Ein herausragender Geschäftsführer – Walther Mayer – (Name geändert) solle mich begleiten und fachlicher Co-Trainer für spezielle Fragen sein.

Walther Mayer kannte ich aus der Zusammenarbeit mit Gustav Dudek (Name geändert), einem Unternehmer aus Oberbayern, dem bereits einige Autohäuser gehörten. Eines davon leitete sehr erfolgreich Walther Mayer. So führte er für die Aktion „Sonnendächer in Autos" eine Kundengewinnung durch, die schon sehr beachtlich war. Er ließ Flyer mit dem Titel „Sonnendach Soforteinbau" an dem Ort verteilen, wo der Unterschied zwischen Erfrischung und Brutofen, das sind Autos, die in der prallen Sonne stehen, am unangenehmsten empfunden wird – an den Parkplätzen der Schwimmbäder. Der Erfolg war phänomenal.

Mit solchen Aktionen machte sich Walther Mayer einen Namen in der Organisation. Einige erfolgreiche Workshops waren gelaufen, als er zu mir kam und völlig überraschend vorschlug, mein Partner in einer neuen Gesellschaft, die wir speziell und ausschließlich für den Kfz-Bereich gründen sollten, zu werden. Gern willigte ich ein. Hätte ich nicht tun sollen. Walther Mayer kündigte seinen Job als Geschäftsführer und das Drama begann.

Mein Einsatz für meine Kunden sei entschieden zu hoch, das mindere die Erfolgs-Chancen in der gemeinsamen GmbH. Also nahm ich ihn als Co-Trainer zu meinen Kunden und überlies ihm einige sogar.
Es entwickelte sich zur Katastrophe. Empört riefen mich die Kunden an und berichteten, Walther Mayer würde nur über seine Er-

folge im Autohaus erzählen und alles sollte bei den Kunden entsprechend dem Kfz-Handel laufen.

Aber auch bei den Kfz-Händlern lief sein Einsatz nicht so, wie geplant. Ein gemeinsames Seminar für Führungskräfte bei BMW machte dann klar: So geht es nicht weiter. Ende mit Schrecken. Es war eindeutig mein Fehler – ich hätte besser hinsehen sollen, war aber von der charismatischen Ausstrahlung des Walther Mayer und von dem Wunsch, einen Geschäftspartner zu haben, geblendet.

Die Auflösung einer geschäftlichen Gemeinschaft, die mit viel Enthusiasmus startete, ist schmerzlich und bitter. Auch finanziell. Macht aber auch klüger: Das sollte, nein wird sich nie mehr wiederholen. Auch für gemeinsame geschäftliche Abenteuer hatte ich doch bereits den besten Partner der Welt: Anita.

Daniel Goeudever ging als Markenvorstand zu VW und traf auf Ferdinand Piëch. Der Rest ist Geschichte. Von Walther Mayer hörte ich nichts mehr.

Begegnungen

Durch Peter Fuchs kam ich in Kontakt mit Liebherr, Werk Bischofshofen. Direktor Peinhaupt begrüßte mich freundlich „Ihnen eilt ein wirklich guter Ruf voraus. Sehen wir mal, was Sie für uns tun können…".

Die Zusammenarbeit funktionierte ausgezeichnet. Andere Liebherr-Bosse erfuhren davon und ich wurde „durchgereicht". Über zwei Jahrzehnte erstreckte sich die Zusammenarbeit mit wechselnden Aktivitäten. Eines Tages besuchte ich wieder mal Direktor Peinhaupt. Pünktlich kam ich zum vereinbarten Termin. Er bat mich in sein Büro und da saß zu meiner größten Überraschung

Dr. Dr. hc. Hans Liebherr, der legendäre Chef des Konzerns. Ein Urschwabe. Ich durfte Platz nehmen und zu meiner Überraschung verlies Peinhaupt unter einem Vorwand das Büro. Ich war mit dem Boss allein. „Was machet Sie denn bei uns?" fragte er und zog an seiner Zigarre.

Ich hatte immer Probleme damit, meine Arbeit ohne Fallbeispiele zu erklären. Dem Verkaufstraining war ich längst entwachsen. Eigentlich war auf die Lösung schwieriger Themen und deren Umsetzung durch die verantwortlichen Leute im Vertrieb fokussiert. Aber auch das war im Gespräch recht nichtssagend.

„Marketing mit Schwerpunkt Vertrieb" sagte ich. Dr. Liebherr sah mich prüfend an „...des brauche mir ned...". Ich erschrak. Liebherr bohrte weiter „was machet Sie denn genau?" Ich erklärte es an konkreten Fällen so gut ich konnte. Er hörte schweigend zu. Peinhaupt kam wieder und ich wurde freundlich verabschiedet. „Auf den könnet ihr höre", soll der einzige Liebherr-Kommentar gewesen sein, wie mir ein Teilnehmer in einem meiner Seminare erzählte. Direktor Peinhaupt hätte das erzählt, wie er sagte.

Peinhaupt selbst konnte ich nicht mehr fragen. Er war bei einer Wanderung in den Alpen tödlich verunglückt. Sein Schäferhund war bei ihm. Das treue Tier wich nicht von seiner Seite, bis er gefunden wurde. Die Beerdigung von Direktor Peinhaupt war einer meiner traurigsten Tage.
Noch vor Eröffnung des Interalpenhotels Telfs – ich hatte mit Führungsleuten der Liebherr-Gruppe wieder mal ein Seminar – zeigte Dr. Hans Liebherr den riesigen Eingangsbereich des Hotels und erklärte voll Stolz Einzelheiten des Baus. Ein großartiger Mann.

Auch BMW kam durch eine Empfehlung. Lange Jahre der Zusammenarbeit in unterschiedlichen Ebenen folgten. Vor allem auch mit den BMW Niederlassungen. Einmal sollte ich einen Erlkönig, einen der noch getarnten neuen 7er Modelle von München nach

Kassel bringen. Ich hatte dort einen Workshop mit Führungskräften der Niederlassung Kassel zu leiten. Auf der Autobahn nach Kassel ein Sommergewitter mit Hagel. Die Sicht ging auf Null. Plötzlich gingen alle Fenster auf und zu, das „Mäusekino" (so wurden die Cockpit-Instrumente intern genannt) spielte verrückt und schaltete alle Funktionen durch. Es war die Hölle.

In Kassel gab ich meinen Fahrteindruck an den zuständigen Meister und konnte bestätigen, dass der Wagen vollkommen wasserdicht sei. Von innen versteht sich. Schuld war ein Chip, der auf alles vorbereitet war, nur nicht auf die Bildung von Kondenswasser – diese Möglichkeit hatte man nicht auf der Rechnung.

Flugzeuge und Autos

Durch eine Querverbindung wurde MBB Messerschmitt Bölkow Blohm, später DASA, mein Kunde. Mit der Division „Hubschrauber" begann es und ich lernte, warum jeder Hubschrauber einen Rotor hat. Nicht, wie oft irrtümlicherweise angenommen wird, zum Fliegen, sondern zur Kühlung der Piloten. Denn sollte mal der Rotor ausfallen glaubt man gar nicht, wie die Piloten ins Schwitzen kommen.

Es folgten viele Seminare mit der noch jungen Airbus-Mannschaft und viele andere mehr. Ein junger Ingenieur erklärte mir, warum die Produkte wie der Tornado Jagdbomber so teuer wurden: 5% der Entwicklungskosten stehen MBB zu. 5% von 50,00 DM sind nun mal weniger als 5% von 100,00 DM erklärte er. Also wird die Entwicklung halt immer teurer. Er lächelte verschmitzt und ich musste lachen.

Ein besonderes Abenteuer aber war die Analyse der Führungs-Struktur und die Befindlichkeit der Führungskräfte in Bezug auf MBB. Dazu waren spezielle Workshops mit methodisch sauberer

Erfassungs-Methode erforderlich. Für mich eine tolle Herausforderung. Das Management wurde zu entsprechenden Workshops eingeladen. Ich hielt die Leitvorträge mit Einführung in die Erfassungsmethode, die Gruppenarbeit und Einzel-Interviews umfassten. Aus meinem Team wählte ich sieben Mitstreiter aus, die mit mir das Projekt durchführten. Alle waren beeindruckt von der Auswahl der Hotels und der fürstlichen Betreuung, die uns überall zuteil wurde. Es war ein Traumprojekt. Und gut bezahlt!

Dieses Mammut-Projekt fand im Vorfeld der geplanten Fusion zwischen Daimler Benz und MBB statt. Ich aber konnte mir nach den Interviews nicht vorstellen, dass die Fusion Mercedes mit MBB gut gehen würde. Denn für so manchen Gesprächspartner war Mercedes der Hersteller von Spielzeugen, die man halt Autos nennt. Bei MBB indes aber beschäftigte man sich mit Flugzeugen und Raumfahrt-Technologie. Ein Hauptpunkt späterer interner heftiger Diskussionen soll dann aber doch die Frage gewesen sein, wem welcher Mercedes als Dienstwagen zustand. Menschlich halt.

Langsam las sich meine „Referenzliste wie ein „Who's Who der Wirtschaft" so ein Journalist, der über mich und meine Arbeit berichtete, nach dem ich in einer Fachzeitschrift als Nr. 1 der deutschen Marketing-Trainer vorgestellt wurde. Putzmeister aus Aichtal kam über eine Liebherr-Empfehlung, Wacker Baumaschinen, Heidelberger Druckmaschinen, Messer-Griesheim, IVEKO, SGL-Carbon, TCM Alpstadt, medi Bayreuth, HARO und viele andere Unternehmen aus Mittelstand und Industrie wurden unsere Kunden.

Nachfrage ohne Ende

Ebenso wie Bosch-Rexroth. Verantwortlicher Vertriebs-Direktor war Hans Georg Joachim mit dem mich eine besondere „Schwingung" verband. Mit anderen Worten: Wir verstanden uns fachlich, sachlich und persönlich. Er konnte klar denken und repräsentierte eine (gute!) Mischung aus Integrität, Weitblick und Management-Geschick. Vor allem konnte er Menschen führen.

Es war eine wirklich tolle Zusammenarbeit und die „Rollenbezogenen Verhaltensprofile" zeigten unglaubliche Präzision in den Aussagen. Die sich daraus ergebenden Erkenntnisse führten in der Umsetzung zu deutlich verbesserter Effizienz des Außendienstes. Ergänzt durch variable KVT-Einsätze, die Regina Wagner leitete, wurden Ergebnisse erreicht, die selbst für mich wirklich erstaunlich waren. Die damit verbundenen Erkenntnisse flossen in die für Bosch-Rexroth und seine Bereiche jeweils definierten und präzisierten MarktSpiele® ein.

Hans Georg Joachim war begeistert und eines Tages kam er mit dem Gedanken zu mir, in mein Unternehmen einzusteigen und zusammen mit mir die Zukunft zu gestalten. Martin Grimm aber hatte hiergegen Bedenken. Keinesfalls aus fachlich-sachlichen Gründen – er wollte eines Tages als mein Nachfolger freie Hand haben. Anita folgte dem und so sagte ich ab. Das, so muss ich heute rückblickend gestehen, war vielleicht einer meiner größten Fehler. Schade.

Vorträge, Konferenzen, Seminare, Workshops: Mein Weg führte in fast jede Stadt in Deutschland, aber auch Wien, Salzburg Zürich, Bern „kannte" ich. „Kenne" ich? Zwar war ich dort. Der Ablauf aber war immer der gleiche: Taxi, Flug, Hotel, Taxi, Flug.

Das Hotel Hohenlohe in Schwäbisch Hall, das Panoramahotel Waldenburg (gehört heute zur Würth-Gruppe) und das Schloss Döttigen wurden Würth-Seminar-Hochburgen und es fanden unglaublich viele Veranstaltungen statt. Neue Gesellschaften in vielen Ländern stellten vor neue Herausforderungen und in internationalen Vorträgen lernte ich die geniale Leistung der Simultan-Dolmetscher kennen und zutiefst schätzen. Es war eine aufregende Zeit.

Aber Hotels und Reisen kosten halt viel Kraft. So setzte ich durch, dass Maßnahmen für Würth, BMW und andere Kunden überwiegend in Bad Aibling stattzufinden haben. Sonst ohne mich. Es funktionierte. Der Schmelmer Hof und später das St. Georg-Hotel wurden von uns und unseren Kunden mit Gästen geradezu überschwemmt.

Hotels sind keine Heimat

Hotels als berufliche Begleitstationen sind für Menschen, deren Beruf nun mal reisebedingt in Hotels führt oft nur schwer zu ertragen. Nicht selten entfaltet sich eine Hotelallergie. So auch bei mir. Im Urlaub auch noch in ein Hotel? Nein. So kauften wir eine wunderschöne Bergwohnung in Bad Mitterndorf im steirischen Salzkammergut und richteten sie liebevoll ein. Ein weiterer Grund für den Kauf war Snoopy, ein „saufarbener" Kurzhaardackel mit überirdischem Verständnis für sich – und danach sehr gern auch für uns. Wir liebten ihn abgöttisch. Inka, ein schwarzweiß gesprenkeltes Katzenbaby, kam dazu. Beide schliefen eng umschlungen im gemeinsamen Körbchen. In ein Hotel konnten wir die beiden nicht mitnehmen. Aber in unsere Ferienwohnung schon.

Fixiert waren Snoopy und Inka auf Anita – ich war ja oft weg. Wie sich so ein Tier freuen kann, wenn man wieder kommt. Kam Anita von einer unserer Reisen zurück (Snoopy und Inka waren dann bei Martin), drohte seine Freude beim Wiedersehen zum Herzinfarkt zu werden und sie lenkte ihn immer ganz schnell ab. Mit einem seiner Leckerbissen.

Snoopy begleitete uns auf allen Bergwanderungen und war oft und durchaus gern Teilnehmer in meinen Seminaren und Vorträgen. Auf Anitas Schoß. Daran gewöhnt schlich er sich auch unerlaubterweise gern in Anitas Yoga-Abende. Offensichtlich war er mit unserer Arbeit einverstanden und ich glaube, dass er vieles auch verstand. Sagte er jedenfalls.

Irgendwann wurde Snoopy krank und um ihn nicht weiter leiden zu sehen mussten ihn einschläfern lassen. Was für eine unsägliche Trauer. Kurze Zeit später verließ uns auch Inka. Ohne ihren Gefährten wollte sie auch nicht mehr. Wir verkauften unsere wunderschöne Bergwohnung. Sie hatte für uns ausgedient. Zu viele Erinnerungen.

Die Insel auf der ich nie ankam.

Meine Hotelallergie blieb und wir begaben uns auf die Suche nach einem neuen Erholungs- und Rückzugs-Domizil und meine ausgeprägte Hotelallergie führte uns in eine atemberaubend schöne Wohnanlage auf Mallorca, die der Architekt einem spanischen Dorf nachempfunden hatte. Wir hatten einen Temin bei einem Eigentümer, der seine Wohnung verkaufen wollte, weil er sich in eine Finca im Inneren der Insel verliebt hatte. Die Wohnung lag direkt über dem Schwimmbad, das zur Anlage gehörte. Es war um die Mittagszeit, als wir bei herrlichstem Sonnenschein die Besichtigung durchführten.

Wir waren begeistert, wollten aber doch noch eine Nacht darüber schlafen. Als wir uns verabschiedeten, meinte unser Gesprächspartner „und denken Sie daran, wer zu spät kommt...". Nun ja, er wollte halt eine schnelle Entscheidung.

Wir gingen fröhlich essen und entschieden uns am nächsten Tag, die Wohnung zu kaufen. Der Anruf bei dem Eigentümer brachte eine bittere Enttäuschung: Er hatte die Wohnung noch am gestrigen Tag an einen Frankfurter Gemüsegroßhändler verkauft. Aus der Traum. Wer zu spät kommt... .

Unsere Suche ging weiter. Mit Roman Schaljapin, der verwandt war mit dem berühmten russischen Sänger Fjodor Iwanowitsch Schaljapin, hatten wir einen vernünftigen Makler gefunden, der uns geduldig durch halb Mallorca führte. Was einem doch für Schrott angeboten wird. Er fragte uns, wohin es uns denn ziehen würde. Spontan nannten wir unsere Traum-Anlage und erzählten von unserem Pech.

Wir wussten damals ja noch nicht, wieviel Glück wir hatten, die Wohnung, der wir so nachtrauerten, nicht bekommen zu haben. Denn wie wir später durch die Käufer, die uns die Wohnung vor der Nase wegschnappten, erfuhren war sie unglaublich laut. Sie lag halt direkt über dem Schwimmbad. Nach einiger Zeit hatten die neuen Eigentümer die Nase voll und zogen etwas später in eine hoch oben gelegene Wohnung in der gleichen Anlage. Wir wurden gute Freunde.

Roman meinte, dass in dieser Anlage eine kleine Penthouse -Wohnung mit vollstem Meerblick frei würde. Ein paar Telefonate später saßen wir in dieser Penthouse-Wohnung mit vollstem Meerblick. Überwältigt vom Anblick des glitzernden Meeres kauften wir sie sofort.

In der Wohnung aber fühlte ich mich zunehmend unwohl. An der Decke waren alte Telegrafenmasten montiert, die einen typisch mallorquinischen Eindruck vermitteln sollten. Doch es roch noch immer nach der Holzimprägnierung, die man für die Masten reichlich verwendet hatte.

Also Umbau. Mit mallorquinischen Handwerkern und unserer sehr begrenzten spanischen Sprachkompetenz. Die Handwerker verstanden, was sie verstehen wollten.

Den Rest machten sie spanisch. Der Umbau dauerte Wochen, kostete Zeit und (viel) Geld. Aber irgendwann war er fertig – die Wohnung erstrahlte in neuem Glanz. Toll. Zur Neueinweihung kamen alle Nachbarn, staunten und gratulierten uns. Die Welt war in Ordnung.
Mallorca ist bis auf die Touristenhochburgen eine schöne Insel. Viel zu schön, um am Ballermann seine Zeit zu verschwenden. Der Strand dort ist zwar traumhaft, aber halt gründlich „touristisch".

Aber es gibt ja die Serra de Tramuntana. Außer dem Puig Major (der ist militärisches Sperrgebiet) gibt es wohl keinen Berg, auf dem wir nicht waren. Berge und Meer. Das war wirklich toll. Und shoppen gehen. Es gibt tolle Boutiquen. Aber auch das strengt an.

Am meisten Geld aber investiert und verliert man in Restaurants auf der Suche danach, die zu finden, wo es sich wirklich lohnt hinzugehen. Die Top-Adressen der Restaurantführer waren meist Reinfälle. Muss aber jeder für sich herausfinden. Ganze vier Restaurants waren es uns wirklich wert, hinzugehen. Am besten aber war es bei uns auf der Terrasse über der Bucht, wenn das Meer glitzert. Wir hatten den schönsten Restaurantplatz der Welt.

Irgendwie wandelte sich die Lust, nach Mallorca zu fliegen. Schon wieder? Ja! Man muss doch nach dem Rechten sehen und überhaupt. Es war an der Zeit wieder zu entscheiden und – loszulassen.

Background
Exsistere: In Erscheinung treten

Wirklich ungemütlich, das Café in der Nähe der Werkstatt im Norden Palmas. Vergeudete Wartezeit, die Werkstatt braucht länger als geplant. Was anderes zu unternehmen aber lohnt sich zeitlich dann doch nicht. Meine Gedanken kreisen um meine Arbeit in den letzten Wochen. Ablaufprozesse für das MarktSpiel®System mussten entwickelt werden. Gab es vorher so noch nie. Neuland halt. Was ist noch zu tun?

Am Nebentisch liest ein Deutscher die Bild-Zeitung. Wieder standen Entlassungen ins Haus. Was werden sie tun? Menschen tun sich schwer damit, sich neu zu orientieren. Im Hamsterrad der täglichen Arbeit geht unter, dass man seinen Job braucht, aber nicht liebt. Geht doch vielen so. Wer hat schon das Glück, in (s)einem Traumberuf zu arbeiten?

Seltsam. Da hat die Natur Millionen von Jahren am Premium-Modell „Mensch" gearbeitet. Hat sein „Betriebssystem" unglaublich reich mit phantastischen Fähigkeiten und Features ausgestattet. Alfred Stielau-Pallas beschreibt das so:

„Für die optische Wahrnehmung stehen zwei Stereo-Farbkameras zur Verfügung, die synchron in einem Lichtempfindlichkeitsbereich von weniger als 0,1 Lux bis 500.000 Lux arbeiten. Dies bedeutet, dass Aufnahmen bei tiefster Nacht und bei stärkstem Sonnenlicht möglich sind. Im Vergleich dazu müsste ein 21-DIN-Film bei Blende 8 und 0,1 Lux Lichtmenge 8 Minuten und bei 350.000 Lux nur eine Zweitausendstel Sekunde belichtet werden. Diese „Kameras", die Augen, sind inklusive Monitor nicht größer als Radieschen und besitzen für optimale Schärfe mehr als 300.000 Bildaufzeichnungspunkte.

Sie sind im Normalfall durch automatische Scharfeinstellung in der Lage, jede Entfernung klar zu erfassen, haben selbstreinigende Objektive und sind – wieder im Normalfall – für bis zu 150 Jahre (eher länger) wartungsfrei.

Für die akustische Wahrnehmung besitzen wir zwei hochempfindliche, kleinste Differenzen erfassende Stereo-Mikrophone mit dem Frequenzbereich von 16 bis 20.000 Hz. Jedes Mikrophon ist durch mehr als 30.000 Einzel-Leitungen mit der Steuerzentrale verbunden. Auch dieses System ist im Normalfall völlig wartungsfrei. Es ist absolut selbstreinigend und staubabweisend. Etwa. 8000 Geschmacks-Sensoren mit einem Durchmesser von weniger als ein Zwanzigtausendstel Millimeter lassen zum Beispiel ein Mittagessen zum Erlebnis werden. Jeder dieser Sensoren wird automatisch nach wenigen Tagen durch einen neuen ersetzt.

Der Geruchssinn, dessen Sensoren auf fünf Quadratzentimetern untergebracht sind, identifiziert zum Beispiel Vanillingeruch auch noch dann, wenn sich nur 0,000.000.002 Gramm synthetisches Vanillin in einem Kubikzentimeter Luft befinden.

Für die Druckempfindlichkeit sind vier Millionen höchstempfindliche Sensoren auf einer Oberfläche von 2 mal 2 Metern verteilt. Für die Kältekontrolle sind 300.000 und für die Wärmekontrolle 60.000 einzelne Temperaturfühler angebracht, die bereits geringste Temperaturschwankungen an die Zentrale melden. Diese Zentrale ist das Gehirn. Es koordiniert alle Körpersysteme, organisiert Wahrnehmung, Sprache und Verhalten, prüft und speichert Informationen, ermöglicht unser Leben.
Wir haben mehr Fähigkeiten, als wir je ausnutzen können. Eigentlich logisch, dass eine Schöpfung, die uns eine solche Mitgift gab, uns erfolgreich sehen will!"

Die „technischen Voraussetzungen" für ein erfülltes Leben sind im Überfluss vorhanden. Das Betriebssystem ist perfekt.

Blöd nur, dass die Natur uns eine Bedingung mit auf den Weg gab: Sie verlangt von uns die Programmierung des Gehirns. Mit anderen Worten: Wir müssen ihm sagen, was wir wollen und was es tun soll. Denn was die Natur (die Schöpfung, Gott) für uns tun will, kann doch nur durch uns geschehen. Dazu gehört nun mal, herauszufinden, was wir wirklich wollen. Denn wer sich in Übereinstimmung mit seinen Neigungen, Talenten, seiner ihm eigenen energetischen und motivationalen Mitgift verhält, wird niemals in resignativer Zufriedenheit verharren – und glauben, andere seien für ihn verantwortlich.

Dass dies nicht immer leicht ist, liegt in der Natur der Sache. Buchstäblich. In der Schule lernen wir nicht, was für uns spricht, sondern erfahren, dass „Eigenlob stinkt". Welch eine Katastrophe, wenn das falsch verstanden wurde. Der wichtigste Erfolgsfaktor ist doch das Selbst-Vertrauen; sich selbst zu vertrauen. Bau auf dich – auf wen denn sonst?

Wir Menschen wissen oft nicht, was wir wirklich wollen und wie wir das erreichen sein können und welche Wege dafür bereit stehen. Klar ist, dass ohne Medizinstudium niemand Arzt werden kann. Aber muss es unbedingt der Dr. med. sein? Es gibt viele Varianten und Wege, Menschen zu helfen. Aber da ist eben auch die Fixierung auf den Beruf. Kein Wunder, dass wir Veränderungen scheuen und verunsichert fragen: „Was nun..?", „„Was soll ich tun?", wenn sich die Lebensumstände ändern. Man müsste, ja man müsste ganz anders als bisher.., JA, man müsste !!! **Thats it.**

Die Idee ist plötzlich da. Jahrzehntelang habe ich doch nichts anderes gemacht, als unsere Analyse-Modelle, Tools, Radare und so fort zu entwickeln. Nicht von ungefähr plädiere ich für unternehmerisches Handeln und bin dem Ziel, den Erfolg vom Zufall zu befreien, tief verbunden.

Durch diese Tools könnten Menschen erkennen, wie ihre Identifikation „gestrickt" ist. Identifikation ist nun mal die Mutter der Motivation und die Quelle jener Kraft, die uns erreichen lässt, was wir wirklich wollen. Dann zeigt sich auch, was man tun muss, um sich geeignete Alternativen zu schaffen. Glenn Turner hatte erkannt, dass es Mut zum Erfolg braucht. Mut aber setzt ein Ziel voraus, das es lohnt, es zu erreichen. Der Mut der Verzweiflung ist ein trügerischer Bundesgenosse.

Man sollte Menschen ermöglichen, wirkungsvoll in Erscheinung zu treten. Herauszutreten aus jeder Lethargie, präsent und existent zu sein. Übrigens, da ist er ja, der Name:

Exsistere – In Erscheinung treten.

Exsistere soll Menschen helfen, ihre Identifikationen zu klären, Stärken zu erkennen, diese zu präzisieren und effizient einzusetzen, um dorthin zu gelangen, wo es sie motivational und tätigkeitsbezogen tatsächlich zieht. Bisher vielleicht unbewusst. Sicher ist, dass viele „klassische" Arbeitsplätze wegbrechen werden.

Los geht's, an die Arbeit. Der Wunsch und der Gedanke, wieder einmal Neues zu erschaffen, setzen Energien in mir frei. Ideen springen mich förmlich an.

Ideen hat man nicht, sie haben dich. Lassen dich nicht mehr schlafen. Das Konzept formt sich. In Tag- und Nachtarbeit entstehen die erforderlichen Abläufe. Das Wetter ist ideal dafür: Sturm und Regen, Regen und Sturm. Wie für die Entwicklung von Exsistere gemacht. Nichts lenkt mich ab.

Menschen methodisch sauber und frei von Belehrung zu Klarheit, Identifikation und Motivation zu führen, wäre doch eine schöne Umsetzung der Erkenntnis: Der Weg ist das Ziel.

So ist nun auch Exsistere® in Erscheinung getreten.
www.exsistere.de

Eine unvergessliche Feier

Volksfeststimmung in Künzelsau. Happy Days bei Würth. Zirkus Krone ist da, gibt Sondervorstellungen für die Künzelsauer Bevölkerung. Reinhold Würth hatte Geburtstag und das Unternehmen feierte die erste Milliarde Umsatz. Die Presse staunte. Denn bis dato war Würth in der Öffentlichkeit so gut wie unbekannt. Das Fest war ein genialer PR-Cup. Alle Welt begann sich für diesen Hidden Champion zu interessieren.

Ich saß wie die anderen Führungskräfte an einem der Abende nach der Vorstellung mit Artisten und Akteuren des Zirkus Krone am Tisch. Mir gegenüber saß ein unglaublicher Jongleur. Er jonglierte zum Beispiel mit drei laufenden Kettensägen. Traumwandlerisch sicher. Einfach umwerfend.

„Ist es eigentlich schwer, Jonglieren zu lernen?", fragte ich, um ins Gespräch mit ihm zu kommen. „Nein, ist es nicht", kam die verblüffende Antwort „Jonglieren lernen ist ganz einfach. Schwer ist nur, darauf zu verzichten, alles gleichzeitig in der Hand behalten zu wollen...". Er lacht. „Probierens Sie's mal aus, Sie werden sehen...".

Ich bin seltsam berührt. Das ist doch wie im Management. Dort kommt es auch darauf an, nicht alles zugleich zu machen, sondern sich auf die Dinge zu konzentrieren, die jetzt wichtig sind. Spitz statt breit; eines der wichtigsten Gesetze, das Wolfgang Mewes in seiner EKS, Engpasskonzentrierten Strategie, zu betonen nie müde wurde. Ich hatte der EKS viel zu verdanken. Die damit verbundenen Erkenntnisse standen Pate für die „Radarprofile", die ich für den so erfolgreichen Chef Workshop entwickelte und die auch im späteren MarktSpiel®System so bedeutungsvoll wurden.

Wie sich doch die Bilder glichen. Hier ein begnadeter Jongleur und dort ein auf Wachstum konzentriertes Unternehmen, die die gleichen Gesetze nutzten. Auch bei Würth hatte ich die EKS etabliert. Sie wurde zum geistigen Background der Divisionalisierung, also der Teilung des Sortimentes in Branchen mit spezialisierten Bereichen, einer der Grundlagen der Explosion von Umsatz und Gewinn.
Wachstum gibt es nur durch Zellteilung – ergänzt durch die Macht der Konzentration auf den wirkungsvollsten Punkt.

Background
Die Macht der Konzentration.

Der Specht im Baum, die Bohrmaschine an der Wand, die Spitzhacke, das Beil: Gebündelte Kräfte; Energien zur Überwindung von Widerständen.

Konzentration zündet

Spitz statt breit. Konzentration = Energie auf den wirksamsten Punkt.

Alexander der Große (warum wir die größten Schlächter der Weltgeschichte immer als „Groß" betiteln?) besiegte die Perser.
Wir erinnern uns: 333 bei Issos Keilerei.
Das Heer des Perserkönigs Darius III war Alexander zahlenmäßig weit überlegen. Es aber setzt die „schiefe Schlachtordnung" ein. Im Klartext: Er suchte die schwächste Stelle des Gegners (Geländebedingungen lassen wir mal außen vor) und stieß mit seiner Hauptmacht genau da rein. Und tauchte nach dem Durchbruch zur Verblüffung des Gegners hinter dessen Reihen auf.

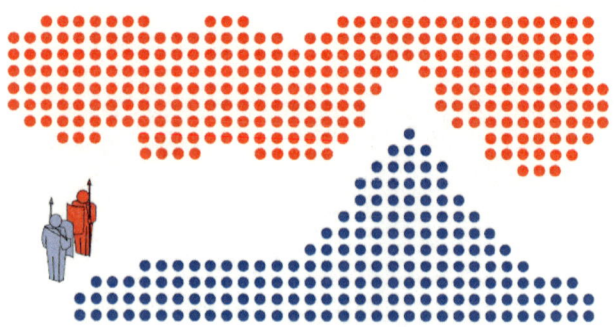

Profil kommt von „markanter Linie"

Auch hier haben wir das Gesetz der Konzentration. Das gilt auch für unsere persönliche Entwicklung. Talente, Stärken erkennen und ausbauen macht erfolgreich. Gerade unsere größten Schwächen sind vielleicht nur noch nicht ausgebaute Stärken. Wie oft sagen Menschen „das kann ich nicht" und verbauen sich damit die besten Chancen. Wie dem auch sei, spitz statt breit macht auch hier den Unterschied zur „breiten Masse" profilloser Erfolgssucher.

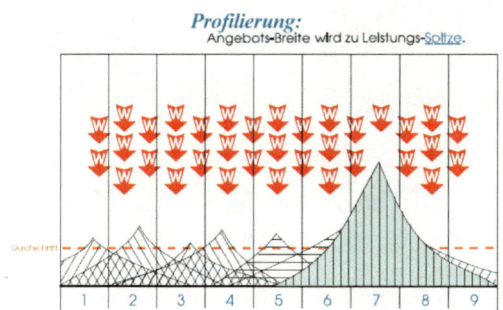

Profilierung:
Angebots-Breite wird zu Leistungs-Spitze.

Wachstumsprozesse

Machen Sie mit mir einen Ausflug in die Pflanzenwelt:
Justus Liebig hatte in der ersten Hälfte des 19. Jahrhunderts entdeckt, dass die Zufuhr von Nährstoffen, die dem Boden fehlen, die Erträge eines Ackers unglaublich steigern können und wurde so zum Vater des Düngens.

Pflanzen brauchen Nährstoffe. Zum Beispiel Kalk, Kali, Stickstoff und Phosphor. (Wasser, Sauerstoff und andere Faktoren lassen wir mal außen vor):

Sie werden von den Pflanzen verbraucht und so dem Boden entzogen. Die Mineralien aber werden weiter gebraucht und wir merken wir uns:

Das Wohl einer Pflanze (wachsen oder eingehen) wird von den Faktoren bestimmt, die am wenigsten vorhanden sind und jetzt am dringendsten gebraucht werden.

Das „JETZT" entscheidet. Es kommt nicht darauf an, ob zum Beispiel Kalk bald verbraucht ist. Was jetzt fehlt, ist entscheidend. Es sind die Minimumfaktoren, die Wolfgang Mewes auch Engpassfaktoren nannte. Nur um die geht es zu einem jeweiligen Zeitpunkt.

Zum Nachdenken:

Modelling von „Mutter Natur".

In der Natur ist nichts gerade – aber alles gerade richtig.

In der Natur ist nichts starr – aber alles stabil.

In der Natur ist nichts gleich – aber alles im Gleichgewicht.

In der Natur ist nichts verwaltet – aber alles in Ordnung.

In der Natur ist nichts umsonst – aber alles großzügig.

Aufbruch VI
Zu neuen Erkenntnis-Ufern

Leben
können wir nur von Leistungen,
die wir in der Vergangenheit erdachten,
als die Gegenwart noch Zukunft war.

– Peter Grimm –

Hunderte Gespräche mit Vorständen, Geschäftsführern, Vertriebs-Chefs und Marketing-Bossen zeigten immer das gleiche Muster: Man wird zu einem Unternehmen „bestellt" (antanzen lassen, nannte dies Dieter Krämer). Die Schilderung der Situation aus Sicht der Verantwortlichen (Geschäftsleitung) hat mit dem, was sich später in der Realität zeigt, nur marginal zu tun.

Selbstverständlich wissen „die oben" immer, wer Schuld hat. In Fragen des Vertriebs ist es immer der Verkauf. Er ist nun mal die beliebteste Projektionsfläche für Schuldzuweisungen. Denn der kann sich nur schwer wehren. Die Profis aus Technik und Rechnungswesen haben nun mal die bessere Basis. Und meist auch eine Uni im beruflichen Gepäck.

Analysen und Gespräche mit den Betroffenen, Mitarbeitern und Kunden, sind unverzichtbar. Ebenso wie klare Fakten.

Dann die Präsentation der Ergebnisse in der Top-Ebene. Will man keinen Buchungsmord erleben, sind diplomatische und psychologische Taktiken ebenso hilfreich wie eine gehörige Portion Empathie. Wenn du den Pfeil der Wahrheit abschießt, ist es klug, ihn vorher in Honig zu tauchen, wissen die Hopi-Indianer. Wie weise.

Es musste eine effizientere Methode her, dachte ich. Die Idee dazu kam, als ich mich wieder mal mit der EKS von Wolfgang Mewes beschäftigte. Es hat seine EKS zwar theoretisch und philosophisch bestens beschrieben, allein es fehlt an methodischen Umsetzungs-Tools. Wolfgang Mewes war sehr damit beschäftigt, wissenschaftliche Anerkennung zu erlangen.

Die Sehnsucht nach Anerkennung ist halt eines der zentralsten Motive, wusste bereits Abraham Maslow.

Eine wichtige Erkenntnis steuerte Hans Hass, der berühmte Biologe und Hai-Forscher, bei. Er hatte mich zu sich nach Wien eingeladen um mir seine „Energon"-Theorie vorzustellen. Wir verstanden uns auf Anhieb und unterhielten uns über Gott und die Welt. Er meinte, dass Menschen und Unternehmen nur deshalb so viele Probleme hätten, weil sie sich „füchsisch" und damit gegen die Weisheit der Natur verhalten.

Ich verstand nicht, was er meint und er erklärte es mir so:
Unser Ego denkt zuerst an sich und sieht deshalb den Wald vor lauter Bäumen nicht. Würde der Fuchs denken wie wir Menschen, hätten die Hasen viel über ihn zu lachen.

Da aber ein Bild mehr sagt als tausend Worte habe ich die Geschichte zeichnen lassen:

Ego-Trips machen bestenfalls selbstzufrieden.

„Wie werden wir, die Füchse schneller dick, fett und reich?"

Jeder muss satt werden, richtig. Aber, erklärte Hans Hass, in der Natur weiß der Jäger vermutlich weniger von seinem Verhalten, als er weiß, wie sich seine Beute verhält. Vermutlich weiß der Adler wenig über seine Flugkünste – die hat er einfach. Aber wie sich seine Beute auf der Erde verhält, das kennt er genau. Sonst würde er vermutlich nie etwas schlagen können. Also:

„Die Eigenart der zu jagenden Beute allein bestimmt das Verhalten des Jägers."
Hans Hass

Vermutlich weiß die Katze mehr über das Verhalten der Maus, als über ihr eigenes.

Wenn also die Füchse zu wenig Hasen fänden, würde der Oberfuchs zu einem füchsischen Workshop einladen, weil er weiß, dass seine Mitfüchse mehr über die zu jagende Beute wissen müssen: Sie lernen häsisch.

„Wie lernen wir, die Füchse, optimaler häsisch?"

Es waren immer wieder Begegnungen mit großartigen Menschen, die mir Erkenntnisse vermittelten, mir Entwicklungen möglich machten, auf die ich sonst wohl nie gekommen wäre. Und irgendwie konnte ich die Frage nicht mehr abschütteln, ob ich dem Weihnachtsmann nicht Unrecht getan habe. Innerlich formulierte ich also um: Der Weihnachtsmann ist vielleicht (k)ein Betrüger. Die Klammer wollte und konnte ich noch nicht so ganz weglassen.

Ergänzend zu der „Füchsisch-Häsisch"-Story nachstehend eine wunderbare Erklärung über das Verhalten der Gänse und deren soziale Interaktionen:

Von Gänsen lernen
Nach Milton Olson

Tatsache 1:

Wenn eine Gans mit den Flügeln schlägt, schafft sie für die dahinter fliegenden Tiere einen Auftrieb. Indem die Gänse in einer V-Formation fliegen, erhöhen sie die Reichweite des Schwarms (gemessen an der

eines einzeln fliegenden Vogels) um 71 Prozent.

Lehre:

Menschen, die eine gemeinsame Richtung und das Gefühl der Zusammengehörigkeit haben, können ihr Ziel schneller und leichter erreichen, weil sie mit gegenseitiger Unterstützung „reisen".

Tatsache 2:

Wenn eine Gans von der Formation abweicht, fühlt sie sofort den sehr

viel stärkeren Luftwiderstand und sucht schnell den Verband wieder auf, um in den Genuss des Auftriebs zu kommen, den der vor ihr fliegende Vogel erzeugt.

Lehre:

Wenn wir so vernünftig sind wie die Gänse, bleiben wir in einer Formation mit denen, die in die gleiche Richtung wollen wie wir. Wir sind bereit, ihre Hilfe anzunehmen und ihnen unsere anzubieten.

Tatsache 3:

Wenn die führende Gans müde wird, lässt sie sich in der Formation zurückfallen, und eine andere Gans übernimmt ihren Platz an der Spitze.

Lehre:

Es zahlt sich aus, wenn man einander bei den schwierigen Aufgaben ablöst und sich die Führungsaufgaben teilt. Wie Gänse sind auch Menschen auf die Fähigkeiten, das Können und die einzigartige Kombination von Begabungen, Talenten und Ressourcen anderer angewiesen.

Tatsache 4:

Die weiter hinten fliegenden Gänse schreien von Zeit zu Zeit, um die an der Spitze fliegenden Vögel aufzumuntern, damit diese das Tempo beibehalten.

Lehre:

Wir müssen darauf achten, dass unser »Schreien« aufmunternd ist. In Gruppen, in denen man sich gegenseitig bestätigt, ist die Produktivität sehr viel größer. Die Kraft der Aufmunterung (also die Haltung, zu den eigenen Überzeugungen zu stehen und die der anderen zu verteidigen) ist die Art zu »Schreien«, die wir benötigen.

Tatsache 5:

Wenn eine Gans krank wird, sich verletzt oder abgeschossen wird, fallen zwei weitere Gänse aus der Formation heraus und folgen ihr nach unten, um ihr zu helfen und sie zu beschützen. Sie bleiben bei ihr, bis sie entweder wieder fliegen kann oder stirbt. Danach schlie-

ßen sie sich einer anderen Formation an oder zu ihrer eigenen Gruppe auf.

Lehre:
Wenn wir ebenso viel Verstand haben wie die Gänse, dann stehen wir einander in schwierigen Zeiten ebenso bei, wie in Zeiten, in denen wir uns stark fühlen.

Aus einer Präsentation von Angeles Arrien beim Organizational DevelopmentNetwork, 1991, basierend auf der Arbeit von Milton Olson.

Die Konsequenz aus den Erkenntnissen

„Füchsisch" motiviert entwickelte ich die Marketing-Differenz-Analyse MSA, ein Faktorenprofil mit drei Hauptfeldern und jeweils acht Faktoren (Statements). Die Bewertung der Faktoren im Hinblick auf deren Bedeutung im Unternehmen erfolgte durch ein Ranking. Es wird von allen Betroffenen zunächst getrennt durchgeführt. Dann einigt man sich auf ein gemeinsames Profil. Unglaublich, welche Erkenntnisse sich allein dadurch ergeben. Die Bewertung erfolgt so:
Bewertung 1 – 8 (1 ist „ganz schwach", 8 „sehr stark") Das Ergebnis wird in ein „Radarprofil" umgewandelt. So werden die Engpassfelder in jedem der drei Hauptfelder sofort sichtbar.

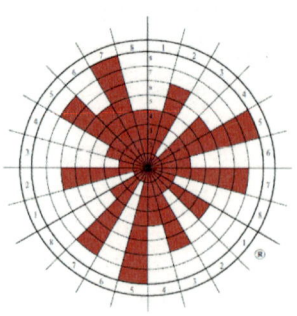

Das Gesamt-„Radar" sprach für sich. Endlose, oft in Sackgassen endende Diskussionen blieben so erspart und der Spekulations-Artistik bedurfte es auch nicht mehr. So blieb mehr Zeit, Lösungen und erforderliche Maßnahmen zu vereinbaren und die Betroffenen einzubeziehen und sie zu Beteiligten zu machen. Einsicht verursachende Fakten sind wunderbare Wegweiser.

Das Konzept baute ich grundsätzlich nach folgender Logik auf:

1. Die Ausgangssituation für das zu lösende Thema = Ist-Stand.
2. Zielprojektion = Erwünschter Zustand
3. Was steht im Weg, was spricht dagegen = Widerstände
4. Verdeckte, aber erfolgskritische Punkte
5. Zu tun ist = Maßnahmen und Mittel
6. Kosten-Nutzen-Relation

Mein wichtigstes Arbeitsinstrument wurde mein Grundig Diktiergerät. Diktieren hatte ich ja mit dem TK 19 von der Pike auf gelernt. Als hätte ich es geahnt.

Erst viel später kam ich auf die Idee, diese MSA zu erweitern. Die Überlegung dahinter war, jedem Faktor des Profils einen umformulierten Faktor gegenüber zu stellen und daraus eine Erwartungsdifferenz-Analyse, EDA zu bauen. Die Faktoren wurden mit der Überlegung umformuliert, was ein Kunde erleben würde, wenn der Faktor des MSA-Profils stimmig wäre.

Marketing-Struktur-Analyse (MSA) + Erwartungs-Differenz-Analyse (EDA):

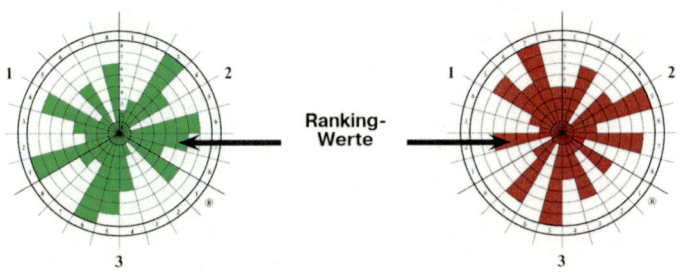

Die Ergebnisse der Profile konnte man nun übereinander legen und sieht sofort die Erwartungen der Kunden, die sich von der Eigensicht des Unternehmens meistens deutlich unterscheiden. Erstaunlich war dabei, dass die Kunden sehr oft Erwartungen und Themen signalisierten, die das Unternehmen längst bestens erfüllen konnte.

Kundenmanagement mit Erwartungs-Differenz-Analysen.

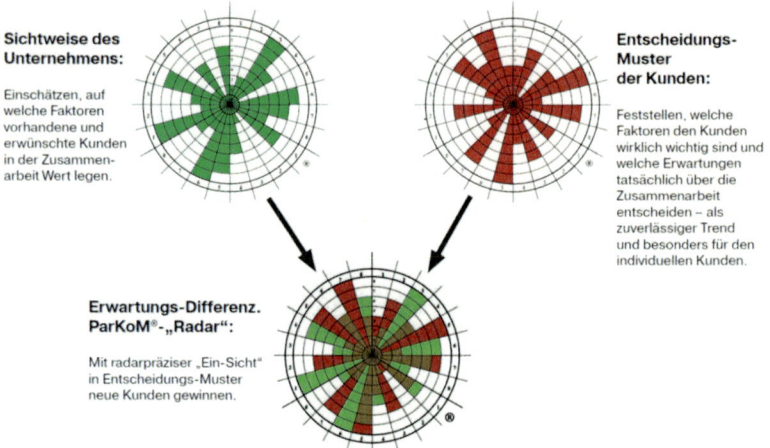

Sichtweise des Unternehmens:

Einschätzen, auf welche Faktoren vorhandene und erwünschte Kunden in der Zusammenarbeit Wert legen.

Entscheidungs-Muster der Kunden:

Feststellen, welche Faktoren den Kunden wirklich wichtig sind und welche Erwartungen tatsächlich über die Zusammenarbeit entscheiden – als zuverlässiger Trend und besonders für den individuellen Kunden.

Erwartungs-Differenz. ParKoM®-„Radar":

Mit radarpräziser „Ein-Sicht" in Entscheidungs-Muster neue Kunden gewinnen.

Das Problem war oft, dass viele dieser Themen nicht mehr kommuniziert wurden, weil man glaubte, dass die den Kunden doch bekannt seien. Ein weiterer Grund lag darin, dass Themen in die Versenkung gerieten, die im Unternehmen zur Selbstverständlichkeit wurden und über die keiner mehr sprach. Welch eine Verkennung der Erkenntnis von Henry Ford: Tue Gutes, aber rede – unbedingt – darüber.

Diese Erkenntnis führte dazu, die Wunsch- oder Erwartungs-Faktoren auszuformen, die erfüllt werden konnten, sie zu formulieren und zu begründen, warum andere nicht erfüllbar waren. Mit dem damit verbundenen Konzept und den „Radar"-Bildern besuchten wir dann zusammen mit der Verkaufsleitung die Wunschkunden und stellten in der Ergebnis-Präsentation eigentlich nur die Frage: Wenn wir das so umsetzen, wie jetzt präsentiert – sind wir dann im Geschäft?

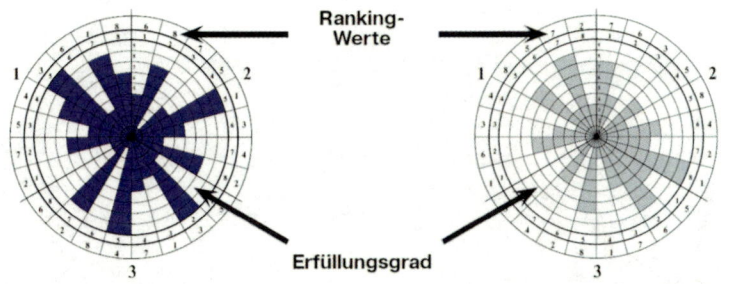

MSA und EDA haben das erwünschte Ranking im äußeren Rand und als Radarbild den Erfüllungsgrad ...

... und geben Aufschluß über Stimmigkeit oder Differenz zwischen Unternehmensleistung und der Erwartung erwünschter Kunden.

In den meisten Fällen war dies der erste Schritt zur Zusammenarbeit sowohl mit neuen Wunschkunden, als auch mit Kunden, die wieder zurückgewonnen werden mussten. Es funktionierte bestens.

Merke:
In der Entwicklung des MarktSpiel®System wurde das „Radar" und seine Felder so ausgelegt, dass das von einem Unternehmen erstellte Faktorenprofi in eine MarktSpiel®Grafik umgewandelt werden konnte. Dazu wurde jeder Faktor des „Radars" einem Feld der MarktSpiel®Matrix (Farbenkranz um das „Radar" zugeordnet). Oft erwies sich dies als heilsam, weil es die Meinung der Unternehmen, in welchen MarktSpiel®Feldern sie angeblich unterwegs seien, über die eigene Faktorenbewertung oder die der Sichtweise ihrer Kunden, korrigierte.

Kundenmanagement mit Erwartungs-Differenz-Analysen.

Beispiel: EDA-Radar mit   **... und Umsetzung als**
MarktSpiel®-Matrix ...   **MarktSpiel®-Profil.**

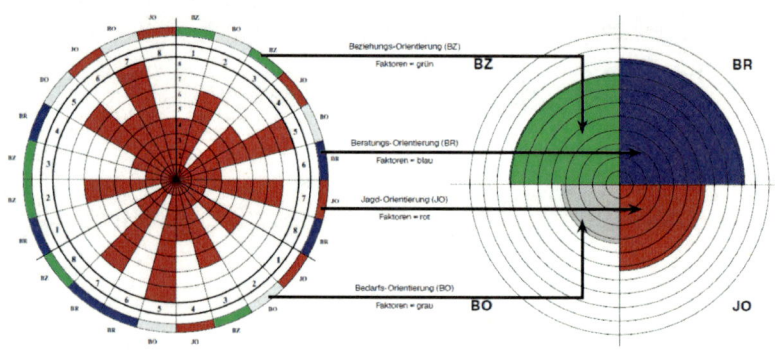

Die MarktSpiele® der einzelnen Radare und ihre Bedeutung:
In den Fallbeispielen haben wir das Lesen der einzelnen Faktoren zueinander erlebt.
Nun werden die MarktSpiele® gesondert betrachtet. Hier nun die Leseart und die
damit verbundene Formulierung jedes einzelnen MarktSpiels® ...

Aufbruch VII
Unternehmen statt Unterlassen

Schon lange hatte ich mich mit dem Gedanken getragen, eine
Workshop-Form zu finden, die der Unternehmensführung in kurzer Zeit genau die Klärung von Problemen ermöglicht, die man intern so schwer findet, „weil man vor lauter Wald die Bäume nicht
mehr sieht". Gleichzeitig sollten strategische Lösungen erarbeitet
werden, die sofort umgesetzt werden können. Außerdem wollte
ich unbedingt weg vom Einzelkämpfer-Dasein und in Zusammenarbeit mit auserwählten Trainern in offene Workshops einsteigen.

Geschlossene Maßnahmen sind firmeninterne Seminare und Veranstaltungen und werden mit einem Tagessatz bezahlt. In firmenübergreifenden Maßnahmen dagegen kommen Teilnehmer aus
unterschiedlichen Unternehmen und jedes dieser Unternehmen
bezahlt eine Teilnahmegebühr, was auch finanziell ungemein in-

teressant ist. Die Frage ist nur, wie man das erreicht. Allein war dies nicht zu schaffen. Ich brauchte Verstärkung.

Die Suche nach Weggefährten

Im Laufe der Zeit hatte ich einige Menschen kennengelernt, die gern mit mir zusammenarbeiten wollten. „Was Sie machen, würde ich auch gern tun". So lud ich eine Gruppe zu einer „Schnupper-Woche" nach Bad Aibling ein. Achim Hanke gehörte dazu und Bernd Rauch, ein Kollege, den ich aus dem BDVT kannte.

Otto Jetzer, vormals Verkaufsleiter von Würth-Schweiz, kam zu uns. Auch unser Sohn Martin bewarb sich zu meiner größten Überraschung und wollte unbedingt teilnehmen. Es freute mich aber sehr. Er brachte Carlo Didillion mit.

Wir vereinbarten einen Akquisitions-Modellversuch für einen offenen, also firmenübergreifenden „Motivationstag". Der sollte dann die Folgebuchungen für weitere Maßnahmen nach sich ziehen. Die Leitvorträge hielt ich, danach kamen Einzelgespräche mit den Teilnehmern und ein abschließendes Forum. Die Teilnehmer gingen durchaus dankbar, hinterließen aber nicht die erwarteten Aufträge, sprich Buchungen. Es war deprimierend.

Später erfuhren wir durch entsprechende Nachfragen den Grund: Man glaubte, schon alles gehört zu haben und weitere Maßnahmen seien somit überflüssig. Eindeutig mein Fehler: Zu viel Philosophie, zu wenig zum Anfassen. Wir wollten unsere Methoden nicht offenlegen und stattdessen Zustimmung verursachen und motivieren. Das Gegenteil von gut ist gut gemeint. Wie wahr.

Martin Grimm schlug vor, statt des „Motivationstages" gleich einen mehrtägigen Workshop anzubieten. „Der Aufwand in der

Akquisition ist der gleiche". Fast alle waren dagegen, „das klappt nie", war die einhellige Meinung. Aber ich wusste, dass es nur so gehen konnte. Wir vereinbarten eine Denkpause von einigen Tagen und wollten uns danach wieder treffen.

Erich Lotz, Oberstleutnant a.D. der Luftwaffe, kam und brachte Andreas Barbas mit, ebenfalls Oberstleutnant a.D. der Flugabwehr. Beide hatte man vom Bund mit „goldenem Handschlag" in die Freiheit entlassen. Mir aber war es lieber, dass ich das Sagen hatte und nicht die Offiziere. Strammstehen vor Uniformen war eh nicht mein Ding. Andreas Barbas lernte spielend. Er neigte dazu, Dinge nicht allzu ernst zu nehmen. Es machte Spaß mit ihm.

Erich Lotz aber tat sich anfangs wirklich schwer und brauchte Zeit, sich einzufinden. Er kannte Befehl und dessen Befolgung – aber kreatives Zusammenwirken ohne Vorgabe-Struktur war für ihn nicht leicht. Seine Lernbereitschaft und Motivation für Neues trugen ihn durch diese für ihn nicht einfache Phase und er wurde ein hervorragender Trainer. Er war viele Jahre mein engster Vertrauter.

Der ChefWorkshop

Nein, das ist kein Schreibfehler.
Hochmotiviert konzipierte ich einen viertägigen(!) Workshop. Der Clou war, dass nie ein einzelner Teilnehmer von einem Unternehmen kommen durfte. Wenigstens zwei Mitglieder der Geschäftsleitung, meist der Vorstand oder Geschäftsführer mit dem Marketing- und Verkaufsleiter. Die meisten Unternehmen entsendeten vier Teilnehmer. Die Kosten (Teilnehmergebühr) war immer gleich. Egal ob zwei oder vier kamen. Das zündete.

Es gab aber noch einen anderen Punkt: Kommt ein Einzelner hochbegeistert von einem Workshop oder Seminar zurück in sein

Unternehmen und berichtet dort euphorisch von seinen Erkenntnissen und was er verändern will, dann werden die anderen, die
nicht von dem Veränderungsbazillus angesteckt sind alles tun, um
diesen Menschen wieder einzufangen. Motto: „Der beruhigt sich
schon wieder". Kommen aber mehrere mit gleichen Intentionen
zurück, dann hat das schon einen anderen Stellenwert. Oh ja!

Gewissermaßen im Reißverschluß-Verfahren moderierte ich den
jeweils nächsten Arbeitsschritt philosophisch und methodisch an.
Die Idee dahinter war, dass die Teilnehmer selbst Strategie und
Konzept entwickeln und wir „nur" die Arbeitsinstrumente, also
die Methode zum Ziel stellen. Deshalb durften auch die Betreuer
(Trainer) nur Hilfe für den Arbeitsprozess, keineswegs aber inhaltliche Ratschläge geben. Sollte das doch erforderlich sein, war
grundsätzlich ich dazu zu holen. Das Risiko, dass sonst etwas
schief lief, war mir definitiv zu hoch. Carlo Didillion kommentierte
das gegenüber einem Teilnehmer so: „Der (also ich) spielt Schach
auf zig Ebenen...", was irgendwie ja auch stimmte.

Die Arbeitsinstrumente hatte ich ohnehin schon entwickelt und
es entstand ein unglaublich motivierendes „Trichtermodell", das
mit einer wegweisenden Themenpräzisierung unter dem Motto:
„Was wollen wir hier im Workshop erreichen und im Unternehmen verändern?" startete. Auf dieses Start-Thema legte ich größten Wert und erlaubte keiner Gruppe, hier „schlampig" zu sein.
Auf der Grundlage dieses präzise definierten Arbeitsthemas
wurde danach das MSA Faktorenprofil mit einer „Radarumsicht",
das die Teilnehmer an einer PIN-Wand mit vorbereiteten DIN A3
Vorlagen „ausmalen" mussten. Das machte immer viel Spaß.
Gleichzeitig wurden immer die Engpass-Themen gefunden und in
den so effizient funktionierenden „Problemlösungs-Prozess" PLP
eingebracht. Dieser entstand aus meiner Beratungs-Strategie und
einer Menge Erfahrung. Aus diesem PLP-Prozess ergaben sich
immer drei klare Kern-Themen, die nun mit Hilfe einer durch-
dachten Auswertung in Maßnahmen, Zeitplan, Verantwortungs-

träger, Mittel und andere Ressourcen umsetzungsreif festgehalten wurde. Erklärte Absicht war es, Verbindlichkeit für das TUN zu schaffen.

Der Abschluss bestand aus einer Checkfrage, die durch die Teilnehmergruppe jedes Unternehmens als ihr gemeinsames Commitment im Feedback beantwortet werden musste: was „am nächsten Tag" in Ihrem Unternehmen in Bezug auf die Umsetzung ihrer Arbeitsergebnisse gestartet, gestoppt oder geändert werden wird.

Das Feedback war immer motivierend. Für das ganze Team. So mancher Teilnehmer hatte buchstäblich glänzende Augen. Die Stimmung, die sich im Chef Workshop entwickelte, hatte ihre eigene Dynamik und die gemeinsamen Abende dienten dazu, sich kennenzulernen und die jeweiligen Unternehmen vorzustellen. So manche Zusammenarbeit ergab sich daraus. Auch dafür gab es ein selbstverständlich ein Konzept. Den Erfolg muss man vom Zufall befreien.

Das Feedback wurde aufgezeichnet, wurde in der Akquisition neuer Kunden eingesetzt und erleichterte die Akquisition ungemein. Die Erlaubnis dafür bekamen wir so gut wie immer.

Auch die Folgeaufträge konnten sich sehen lassen. Wirklich!

Treffen in Bad Aibling

Ich stellte das Modell des ChefWorkshop vor, was als „Trockenübung" ohne echte Kunden nicht gerade einfach war. Aber es gelang und die Zustimmung war jetzt da. Jeder Trainer, der Teilnehmer zu einem dieser Chef Workshop brachte, konnte dabei sein, bekam ein Honorar und die Folgeaufträge, die seine Kunden erteilten. Das motivierte und erwies sich in der Umsetzung als überaus erfolgreich.

Der erste Chef Workshop startete übrigens in Bad Aibling im Hotel Schmelmer Hof. Er brachte die Initialzündung für das, wovon ich oben schon berichtete. Mit Otto Jetzer kamen zwei Unternehmen aus der Schweiz und er brachte seine Lebenspartnerin mit. Sie wollte wissen, was wir da so treiben. Martin Grimm hatte vier Kunden und war und blieb in der Akquisition der Erfolgreichste. Es war gut, dass er dabei war. Zwei weitere Kunden kamen von Achim Hanke.

Die anderen Mitstreiter hospitierten, um ein Gefühl für den Chef Workshop und seine Inhalte, auch aus dem Erleben mit echten Kunden, zu bekommen. Wir hatten unseren Weg gefunden.

Background
Die „Drei", die „Vier" und das Gesetz der Resonanz

Nicht nur im Chef Workshop spielte die **3 Drei** eine wichtige Rolle. Zahlen sind ja nicht nur mathematische Begriffe sondern sie beinhalten auch Botschaften auf philosophischer Ebene:

Die **1 Eins** ist die Zahl, mit der wir **Ein**heit beschreiben. **Ein**verstanden zu sein bedeutet, das Gleiche aus unterschiedlicher Sicht zu verstehen. **Ein**sicht und **Ein**blick schafft die Voraussetzung für die **Ein**igung und **Ein**-Sicht ist der erste Weg zur Besserung.

Die **2 Zwei** ist die Symbolzahl der Polarität, dem Grundprinzip unserer Welt. Hier sind wir oft im **Zwei**fel, hin und hergerissen zwischen **zwei** oder mehreren Möglichkeiten, weil ja jede Möglichkeit wieder ihren eigenen Gegenpol hat. Dauert der **Zwei**fel an, sind wir am Ver**zwei**feln, eine der Erscheinungen der Polarität. Alles und jedes hat seinen „Gegenpool". Mann und Frau, Groß und Klein, Hoch und Tief, Krank und Gesund, Leben und Tod. Die Welt der Gegensätze, in Wahrheit der Ergänzung.

Die **3 Drei** bringt uns wieder Einheit. Das weiß die Weisheit des Volksmundes und auch die Religionen kennen die **Drei**-Einigkeit. Das Katalysatorprinzip fußt auf dieser Gesetzmäßigkeit. Wenn Dinge miteinander verbunden werden, beziehungsweise zusammenkommen sollen, das aber nicht tun, nutzt man die Kraft eines Katalysators. Auch das Autofahren kennt diese **Drei**-Einigkeit. Man braucht ein Auto, einen Fahrer und die Straße. Nimmt man einen dieser Faktoren weg, dann ist Autofahren schlicht nicht denkbar. Kommunikation ist nur mit der **Drei**-Einigkeit „Sender, Empfänger, Verstehen" möglich. Jedes Missverständnis beruht darauf, dass ein Faktor nicht funktionierte.

Die **4 Vier** steht für **vier** Himmelsrichtungen, **vier** Grundbausteine des Lebens (Kohlenstoff, Wasserstoff, Stickstoff, Sauerstoff) und für die **vier** Elemente: Wasser, Feuer, Luft, Erde. Im MarktSpiel®System arbeiten wir mit **vier** Feldern, **vier** Rollen und **vier** Kernstrategien.

Das Gesetz der Resonanz

Das Schlimmste an der Kommunikation ist der Glaube, dass sie stattgefunden hat.

Das Gesetz der Resonanz besagt, dass Manifestationen (Erscheinungen, Wirkungen) nur dann zustande kommen, wenn (wenigstens!) zwei Einheiten miteinander in Resonanz sind.

Nehmen wir als Beispiel ein Klavier und eine Stimmgabel. Die Stimmgabel ist auf den Kammerton "A" ausgelegt. Stimmgabel und Klavier kommen nur dann in "Resonanz", wenn man auf dem Klavier "A" anschlägt (vorausgesetzt, das Klavier ist richtig gestimmt).

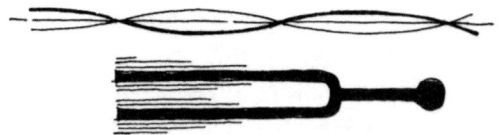

Alle anderen Töne lassen die Stimmgabel „kalt"; sie schwingt nicht mit. Sobald aber der Ton „A" angeschlagen wird, schwingt die Stimmgabel hörbar mit. Wir können die Stimmgabel hören. Sie ist in Resonanz.

Übertragen wir dieses einfache Beispiel auf Menschen:

Solange zwei Menschen nicht „auf gleicher Wellenlänge" sind, werden sie sich kaum verstehen. Im Volksmund sagt man es ja auch: „Ich liege nicht auf gleicher Wellenlänge mit ihm/ihr". Völlig richtig.

Thorwald Dethlefsen verwendete zur Verdeutlichung des Resonanzgesetzes folgendes Beispiel:

Stellen Sie sich vor, zwei Radioapparate stehen nebeneinander. Der eine ist auf Mittelwelle eingestellt, der andere auf UKW. Und nehmen wir an, die beiden Radios könnten miteinander sprechen. Dann könnte ein solches Gespräch ungefähr so ablaufen:

Radio 1 (auf Mittelwelle eingestellt): "Guten Tag, wie geht es Ihnen heute?"

Radio 2 (auf UKW eingestellt): "Danke gut. Ich höre übrigens soeben eine wundervolle Oper."

Radio 1 stutzt, geht im Inneren sein Frequenzband durch, findet eine Sportsendung, einen Festvortrag, mehrere Musiksendungen, darunter eine Hit-Parade – aber nirgends eine Oper.

Radio 1: "Also ich weiß nicht recht, eine Sportsendung ist schon da, auch eine Hit-Parade – aber eine Oper? Ob Sie sich da nicht verhört haben?"

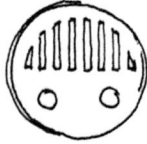

Radio 2 geht seinerseits das innere Frequenzband durch, findet eine Jazzsendung, einen Vortrag, die Übertragung eines Gottesdienstes, eine Glückwunschsendung – und natürlich seine Oper. Nirgendwo aber eine Sportsendung oder gar eine Hit-Parade.

Radio 2 (bereits leicht gereizt): "Also ich weiß nicht, wollen Sie mich verarschen? Da ist keine Sportsendung, keine Hit-Parade, sehr wohl aber Jazz, ein Vortrag und eine herrliche Oper."

Sie können es sich leicht vorstellen, wie dieser Dialog weitergeht. Das eine Radio wird das andere für "doof" halten und schlussendlich wird es dem anderen Radio den Krieg erklären, um endlich klarzustellen, wer von den beiden nun recht hat.

Die Macht der Vorstellung; unsere virtuelle Realität

Unsere Vorstellung und die Art unseres Denkens bestimmen darüber, ob wir positive oder negative Bewertungen zu den Wahrnehmungen und Informationen aus der Umwelt aufbauen. Entsprechend verändern sich unsere "Stimmungen, verändert sich unsere "Resonanzfähigkeit".

Was ein Mensch sich nicht vorstellen kann, kann er vermutlich auch nicht erreichen. Jedenfalls nicht bewusst. Aber es gibt ja auch noch Glückstreffer. Über unsere Vorstellungskraft wird auch die Bewertungsenergie aktiviert:

Stellen Sie sich vor, in Ihrem Zimmer liegt ein Balken auf dem Fußboden. 3 m lang, 20 cm breit, 10 cm hoch. Würden Sie es schaffen, auf diesem Balken zu gehen? Ja sicher, kein Problem.

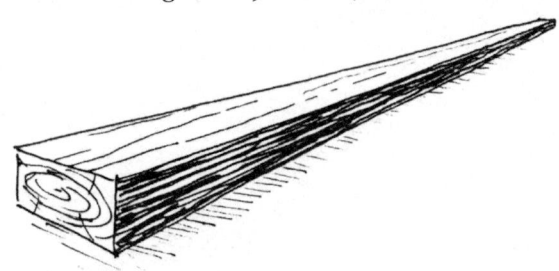

Nun verändern wir die Perspektive:

Den gleichen Balken hängen wir, ohne ihn selbst zu verändern, im Freien in 40 m Höhe freischwingend auf.

Würden Sie auch jetzt noch gehen? – Nein?

Was ist geschehen? Über die Veränderung der Perspektive aktiviert unsere Vorstellung das Bild des Fallenkönnens. Und damit die Angst. Folge: Wir treffen eine klare Entscheidung: „Nein!" (nicht gehen!).

Sehen Sie mal nach. Weder liegt der Balken auf Ihrem Fußboden, noch hängt er draußen. Wir brauchen ihn auch nicht wirklich. Wir treffen Entscheidungen bereits in unserer Vorstellung über „bewertete Bilder". Sind diese Bilder negativ „besetzt", verhalten wir uns anders, als wenn sie positiv wirken, also unserem Überleben freundlich gegenüberstehen.

Achten wir also auf unsere Vorstellungen. Albert Einstein erkannte: Phantasie ist wichtiger als Wissen. Denn wie soll Neues gedacht oder entwickelt werden, wenn noch nicht einmal eine Vorstellung, eine Phantasie davon existiert. Es stimmt schon. Think big, es lohnt sich.

Aufbruch VIII
Abenteuer Berlin

Ausbildung der Trainer und deren Akquisitionsbemühungen gingen Hand in Hand. Anita baute das Telefon-Marketing auf. Mitarbeiterinnen machten Termine für die Trainer. Martin brachte die meisten ChefWorkshop-Buchungen. Er war begeistert dabei. Otto Jetzer organisierte den ersten ChefWorkshop in der Schweiz. Österreichische Unternehmen kamen nach Bad Aibling. Es lief. Auch finanziell.

Mittlerweile war Werner Furtner zu uns gestoßen und wurde verantwortlich für die Umsetzung meiner Ideen in Grafik und Druck. Er wurde für mich unverzichtbar. Dieter Simon und zwei weitere Mitarbeiter kamen dazu und unterstützten ihn. Plötzlich hatten wir eine kleine Werbeabteilung.

Die Wende in der DDR bahnte sich an und endlich fiel die Mauer. Die Wege waren offen. Welch eine Chance. Ich inserierte in der Zeitung „Neues Deutschland" Werkzeuge der freien Marktwirtschaft, Marketing und Vertrieb. Mit Einladung zu einem Vortrag im Hotel „Ambassador" in (West)Berlin. Ziel: Mitarbeiter für die Ex-DDR zu finden.

Es kommen rund 20 Anmeldungen an das Hotel. Per Fax erfahren wir davon. Anita und ich fliegen nach Berlin. Vom Flughafen aus rufen wir das Hotel an. Mittlerweile sind es über 150 Anmeldungen. Im Hotel angekommen sind es über 300. Dreihundert!

Wir bekommen den großen Saal. Anita schleppt mit dem Hotelpersonal aus irgendwelchen Kellerräumen Stühle. Alle Tische raus. Nur Stühle. Irgendwie bekommen wir es hin. Einige müssen doch stehen, aber niemand geht.

Im Saal gespannte, nicht immer freundliche Gesichter. Ich starte den Vortrag am Mikrofon. Verwende ein Zitat: „Ohne Wirtschaftlichkeit schaffen wir es nicht, ohne Menschlichkeit ertragen wir es nicht". Erster Beifall. Dann schildere ich unsere Arbeit und spreche über die Inhalte. Gespanntes Zuhören. Ich bin gut drauf.

Im Anschluss mit so vielen so vielen Menschen noch Interviews zu führen, war schlicht nicht möglich. Also sage ich, dass wir mit denen, die morgen kommen, sprechen werden. Es kamen rund 40 Personen, darunter auch einige Stasi-Leute. Verdruckt fragen diese, ob ich was gegen sie hätte. Das verneinte ich, denn ich kenne sie ja nicht mal. Ich sagte aber auch, dass sie ihre Stasi-Zugehörigkeit mit dem eigenen Gewissen verarbeiten müssten. Aber nicht bei uns. Wir führten viele Gespräche und es entstand eine Gruppe von 15 Leuten, die einen guten Eindruck machten.

Regina Wagner war dabei und sollte sich als Glücksfall erweisen. In zahllosen Seminaren, Workshops, Vorträgen war sie verlässliche Trainerin und in der Anbahnung von Kontakten oder in der Akquisition zeigte sie sich nahezu genial.

Ebenso Andreas Schönemann, Stefan Heidel, Günther Thierbach, Andreas Hühn und Wolfgang Müller, der überraschend in Bad Aibling auftauchte, sich kurz vorstellte und im Team blieb. Mit ihnen konnte man arbeiten.

Einarbeitung der neuen Weggefährten in Bad Aibling. Grundlagen für den ChefWorkshop und dessen inhaltliche Gestaltung. Dann die Strategie der Akquisition. Die Folge: Buchungen über Buchungen. Fast jede Woche musste ein neuer ChefWorkshop eingeplant werden. Die Arabella Hotels Schliersee, Spitzingsee und Brauneck wurden ChefWorkshop-Center. Wir führten Westunternehmen mit Teilnehmern aus dem Osten zusammen. Man lernte voneinander. Für uns auch ein kleiner Beitrag zur Wiedervereinigung.

Die neuen Mitstreiter aus dem Osten hospitierten ebenso wie die bereits „etablierten" Trainer in den Workshops, verdienten Provisionen, bekamen Honorare und waren ausgebucht.

Die Strategie, aus den ChefWorkshops Folgebuchungen zu bekommen, war voll aufgegangen.

Unser Haus in Bad Aibling aber wurde zu klein. Zum Schluss hatten wir nur noch unser Schlafzimmer und das Bad zur Verfügung. Der Um- und Ausbau des Hauses als Firmenzentrale wurde zwingend erforderlich. Dies wurde auch in wenigen Monaten geleistet. Der Bauleiter des beauftragten Bauträgers erwies sich als eine Katastrophe. So übernahm Anita die faktische Bauleitung. Das klappte.

Konferenz- und Workshop-Räume entstanden. Die ChefWorkshops fanden weiterhin in den Arabella Hotels statt. Aber für Konferenzen, Folgeworkshops, Strategie-Besprechungen und vieles andere wurden wir autonom. Die Hotels in Bad Aibling dienten nur noch der Übernachtung für unsere Teilnehmer. Die üblichen Beschwerden über Fehlleistungen der Hotels berührten uns nur noch marginal. Welch eine Entlastung.

Für uns selbst fanden wir ein Haus in Kolbermoor, nur wenige Kilometer nach Bad Aibling. Es musste komplett runderneuert werden. Erneut zeigte sich, dass Handwerker oft hochbegabt sind, ihre Kunden zur Weißglut zu bringen. Offensichtlich üben sie das in speziellen Workshops. Anitas Talent in Planung und Koordination verhinderte, dass Umbau und Renovierung zum Denkmal handwerklicher Fehlleistungen wurde. Sie ist eben ein Multitalent.

Die Akquisitionsarbeit übernahmen Kontakter, wie wir sie nannten und das Telefonmarketing unter Anitas Leitung. Ihr Team war auf 23 Leute gewachsen. Insgesamt waren nun 80 Mitstreiter teils freiberuflich, teils angestellt für uns tätig.

Beratungen, Seminare, Gespräche. ChefWorkshops und vieles mehr, ließen uns wenig Freizeit. Gedanken wollten sich auf dem Papier und im Computer materialisieren. Und neue Entwicklungen. Wochenende – was ist das?

Hätte ich die Weihnachtstage frei gegeben – auch sie wären ausgebucht worden.

Partner und Freunde.

Partner: Partnerschaft wird fälschlicherweise oft als „der Partner schafft" umgesetzt. Einem Hochverrat an allen Betroffenen kommt gleich, wenn ein Partner nicht zuverlässig ist. Das erlebte auch ich und dies führte zu so manchen Enttäuschungen; eben zum Ende von Täuschungen, die meist auch mit finanziellen Verlusten einhergingen. Das war immer überaus schmerzlich.

Erst als ich begriff, dass ich schon lange den besten denkbaren Partner auch geschäftlich an meiner Seite hatte, nämlich Anita, verschwand der Wunsch nach Partnern, nachhaltig.

Zu Mitarbeitern gute, ja freundschaftliche Beziehungen zu haben ist schön. Das aber bitte nicht mit Partnerschaft verwechseln. Die hat mit Verantwortung zu tun und gerade die übernehmen Mitarbeiter so gut wie nie. Der Satz „dafür übernehme ich die Verantwortung" ist eine mega-leere Floskel, wenn Verantwortung keine Wertigkeit hat. Kein Mitarbeiter muss für finanzielle Nachteile oder Verluste eintreten, auch wenn diese durch ihn verursacht wurden.

Tausende Seiten in vielen „Fach"-Büchern wurden über dieses Thema geschrieben. Führungsmodelle wurden erdacht und Begriffsdefinitionen zu Controlling versus Kontrolle erlebten zeitweise geradezu Hochkonjunktur.

Controlling bedeutet ja steuern. Nie aber konnte sich dieser Begriff vom allseits beliebten Vorgang Kontrolle wirklich befreien.

Vertrauen sei gut – Kontrolle besser, tönt es frisch und frei und Sozialromantiker machten daraus flugs: Kontrolle sei, „sich sein Vertrauen zu erhalten". In Wahrheit ist Kontrolle auf Erwischen ausgerichtet, während Controlling herausfinden sollte, was fehlt, um etwas besser zu leisten.

Was fehlt, muss man hinzufügen, also etwas geben. Wird man erwischt, wird man bestraft; es kostet. Es wird etwas (weg-)genommen. Geben ist seliger (klüger?) als Nehmen, ist eine rein theologische Interpretation. Deshalb verkommt diese Erkenntnis ja so nachhaltig hinter Kirchenmauern.

Kein Polizist, der eine Radarkontrolle macht, freut sich, wenn die Fahrer der Autos die vorgeschriebenen 50 km/h strikt einhalten. Aber wenn jemand mit 90 km/h in der Zone daher brettert – dann kommt bei den Kontrollierenden Freude auf. Wetten?

Freunde: Es gibt Begegnungen, die laden uns energetisch auf. Wir fühlen uns wohl und erfrischt. Dann wieder begegnen wir Menschen, die wie Energiestaubsauer wirken. Sie rauben uns alle Energie; sind Energie-Vampire. In solchen Begegnungen kommt nichts rüber und Gespräche mit ihnen machen einfach nur müde. Dann die Besserwisser, die andere missbrauchen um sich selbst zu verehren. Menschen halt.

Freundschaft ist ein seltsamer Begriff. Es gibt für ihn tausend Umschreibungen mit mehr oder weniger Substanz oder Sozialromantik. Hier wurzeln unsere Ideale der Freundschaft und der verklärten Erwartung, auch in schwierigen Situationen bedingungslos füreinander da zu sein.

Das folgende Zitat habe ich im Internet gefunden. Es umschreibt wenigstens, was neben den allgemeinen Worten „Vertrauen", „sich helfen", „auch in schwierigen Zeiten zusammenhalten", gemeint sein könnte:

Es gibt Menschen, die dich nach
tausend gesprochenen Worten
immer noch nicht verstehen.
Und es gibt Menschen, die dich
OHNE EIN WORT VERSTEHEN!

Freundschaftliches Empfinden begann für mich immer dann, wenn ich mit Menschen zusammen war, in deren Kreis man sich wohl fühlte und es als überflüssig empfand, sich oder sein Tun profilieren zu müssen. Das unterscheidet offensichtlich auch geschäftliche Beziehungen von persönlichen Freundschaften. Wer in geschäftlichen Beziehungen Freundschaften erwartet oder diese hineininterpretiert, dem sei Artur Millers „Der Tod eines Handlungsreisenden" wärmstens empfohlen.

Belastbare Freundschaften sind sicher jene, die man auch nach einem Knall, also einem streitbelasteten Konflikt wieder einrenken kann, ohne sie im Bruch enden zu lassen. Wurde man absichtlich betrogen oder schlimmeres, ist ein Zurück verständlicherweise sehr schwer, oder unmöglich. Man muss das vom ewigen „Beleidigt sein", dem beliebten Spiel des Egos nach einem Vorfall, unterscheiden. Wieder aufeinander zuzugehen, verzeihen können, erfordert eine innere Stärke, die gewiss nicht selbstverständlich ist. Das sind jene „Prüfungen", denen man sich nur bei echten Freundschaften aussetzt. Leider geschieht dies relativ selten, wie ich aus eigener Lebenserfahrung weiß.

Dankbar bin ich einigen Menschen, die in meinem Leben wichtig waren. Einige davon sind es auch noch heute. Einer davon ist Hubert Gasteiger, der mein Leben als Buchdrucker, im Tennis und als Gesprächspartner begleitet. Er ist eine ehrliche Haut, durch und durch Pragmatiker, der Themen wie Reinkarnation zwar für Märchen hält, sich aber die Hintertür mit der Bemerkung „ich sage nicht, dass es das nicht geben kann" offenhält. Sozusagen als Rückversicherung. Aber es macht Spaß, mit ihm zusammen zu sein und mit ihm zu diskutieren. Von Autos versteht er alles – hat er doch selbst einige im Besitz.

Sein Sohn Bastian Gasteiger wurde der Nachfolger von Werner Furtner. Bastian verfügt über enorme IT-Kenntnisse, kann (wenn auch nur ungern) programmieren und ist auch heute noch mein unverzichtbarer Begleiter in allen Laptop- und damit verbundenen Handlings-Fragen. Von seinem Vater hat er die Ehrlichkeit und er verfügt über einen wirklich erfrischenden Humor. Gut zu wissen, dass es ihn gibt.

Das traf vor ihm auch auf Werner Furtner zu, der ein IT-Grafik-Hochbegabter ist und meine Intentionen, Konzepte und Entwicklungen in Grafik und Bilder umsetzte. Ohne ihn wäre der ChefWorkshop arm an Präsentations-Erlebnissen – und das MarktSpiel®System, die begleitende WorkKit-Dokumentation und die MAP- Prozesse undenkbar gewesen. Auch meinen Umstieg vom virtuos gehandhabten Overheadprojektor zu Laptop und Beamer erleichterte Werner und ich übte, auch diese ungewohnten Medien wieder virtuos einzusetzen. Davor schärfte mir Werner immer ein „...und denk daran, Pfoten weg von die Knöpfe". Als Meister des Overheadprojektors und Beherrscher der Folienakrobatik fiel mir das gewiss nicht leicht.

Mit Martin Mayer, Herbert Klinger und Gustl Taussig verbanden mich jahrelange Fitnessbemühungen in Bad Aibling mit anschließendem Besuch im Prosecco, einem kleinen Bistro direkt neben dem Fitness-Studio. Wir hatten viel Spaß. Martin Mayer hat ein Ingenieurbüro und war und ist in der Pharma-Branche ein Spezialist für „Reinräume" bei Produktionsanlagen. Er war und ist Intensivsportler, ist vielseitig interessiert und verfügt über ein enormes Wissens. Mit ihm kann man Gespräche mit Tiefgang führen, während Herbert Klinger als Direktor einer Bankfiliale in Rosenheim ein ausgewiesener Kontakter und Freizeit-Abenteurer war.

Meinen aufregendsten Skiausflug erlebte ich mit ihm auf dem Hintertuxer Gletscher bei dichtestem Nebel. „Macht nichts", meinte Herbert. Oben an der „Gläsernen Wand" angekommen sahen wir – nichts. „Auf geht's", meinte er und fuhr los. Ich hinterher. Es kam wie es kommen musste. Im Blindflug stürzte ich. Beim Aufstehen sah ich die Lichter einer Planierraupe direkt auf mich zukommen. Ich wusste: Der kann mich unmöglich sehen. Wie ich es schaffte davon zu fahren, weiß ich nicht mehr. Es war knapp. Sehr grenzwertig, meinte Herbert, der alles mitbekam. Später erfuhren wir, dass die Schneeraupe keinesfalls hätte fahren dürfen – aber der Fahrer wollte halt auch nach Hause.

Gustl Taussig – ein eher ruhiger Mann, dennoch aber sehr temperamentvoll – verfügt über einen unterhaltsamen Mutterwitz. In Bad Aibling gehörte ihm ein Marmorwerk, das er verkaufte, bevor er nach Kitzbühel zog. Dank ihm hatten wir dort tolle Skitage. Gustl kannte sich aus und er war im Ort bekannt. Er wusste genau, wo man hingehen sollte und so lernten wir die dort heimische Gastronomie kennen, das sparte viele Fehlinvestitionen. Viele Bergwanderungen folgten – es war eine schöne Zeit.

Der Geist der Unruhe

Nichts kann so bleiben, wie es ist. In mir rührte sich der Geist der Unruhe spürbar. Eines Tages fiel mir das Buch von Stevens, Howard/Cox „Jenseits des Bermuda-Dreiecks" in die Hand, ein Roman über das Geheimnis des Verkaufserfolgs. Dort wurde ein Ansatz gewählt, der mich elektrisierte.

Es ging um Temperamente, Talente und Verhalten von Unternehmen und Menschen. Unternehmen werden von Menschen gegründet, geführt und zur Wirkung gebracht. Neben den materiellen Ressourcen geht es um das Erkennen von Potenzialen in Unternehmen und Menschen und das kommt nach meiner Erfahrung überall viel zu kurz. Also müsste man einen Weg finden, der dies methodisch besser zu leisten vermag, als bisher möglich.

Lange schon war mit bewusst, dass der Vertrieb und vor allem der Verkauf nie eine auf sich ausgerichtete, spezielle Forschung auf sich fokussierte. Vieles stammt aus der Betriebs- und Volkswirtschaftslehre. Die so wichtige menschliche Seite nährte sich aus allen möglichen Richtungen, vor allem aus der Psychologie und der damit verwandten Bereiche.

Die Fragetechnik stammte von Sokrates und in der Neuzeit von Jacob Moreno, dem Begründer des Psychodramas. Ruth Cohn schuf die Themenzentrierte Interaktion, Kurt Lewin die Feldstärkenanalyse. Die Transaktionsanalyse hatte Fritz Perls für die Psychotherapie entwickelt. Die neurolinguistische Programmierung (NLP) stammt von Richard Bandler und John Grinder, um nur einige zu nennen. Dies alles floss in die Betrachtung über den Verkauf, die Verkaufspsychologie und damit in das Verkaufstraining ein.

Das alles ist sicher richtig und wichtig – mir aber ging es um eine eigens für den Verkauf geschaffene (Neu-)Orientierung mit Umsetzungsmethoden, die es so vorher einfach nicht gab. Der Geist der Unruhe in mir aber wollte mehr: Ich wollte aus meinen Erfahrungen und Erkenntnissen ein Navigationsmodell entwickeln, das Unternehmen ungleich mehr Klarheit für die Erfolgs-Steuerung bietet.

Das System sollte aber auch Menschen auf der Sachebene und in Bezug auf die menschliche Seite des Erfolgs Navigationshilfe im Wald der Möglichkeiten geben. Es ist der Wald, in dem sich so viele verirren und den „Umständen" ergeben, weil sie vor lauter Wald kein Land mehr sehen.

Wissen, Einsicht und Methoden zur Umsetzung für das Thema „Rolle und Verhalten" sollte die Lücke schließen, die Schule, Lehre und Studium einfach unbeachtet gelassen haben.

Ein neues geistiges Abenteuer begann: Die Entwicklungsarbeit für das MarktSpiel®System.

Background
Strategien im Reich der Potenziale

Wir alle müssen uns darstellen, suchen nach Anerkennung für uns und unsere Arbeit. Stets geht es darum, unsere Potenziale als Menschen oder als Unternehmen zu erkennen und zu aktivieren. Drei Fragen hierzu:

1. Zu welchem „archetypischen" Feld neigen Menschen und Unternehmen am stärksten?
2. In welcher Kombination der Felder haben wir als Menschen oder Unternehmen den größten Wirkungsgrad?
3. Was bringen wir dafür mit und was fehlt uns, damit wir als Institution optimal wirken können?

Folgende „Archetypischen Felder" erklären dies klar und nachvollziehbar.

- Das Prinzip „Vorsorge"

+ Versorgung –
Bedarf / Bedürftigkeit / Vorsorge

Sich und andere mit dem versorgen, was gebraucht wird.
Bedarf kam ursprünglich mal von „bedürftig" und verursacht die
Vorsorge, also vor zu sorgen (sich rechtzeitig darum zu küm-
mern), was man selbst – und was andere brauchen werden.
Dem Verdurstenden in der Wüste ist nicht wichtig,
was das Wasser kostet – er braucht es JETZT.

+ Positiv ist, wenn die Dinge da sind.
− Negativ ist, wenn ich sie nicht erhalten kann.

- Das Prinzip Gemeinsamkeit

+ Beziehung -
Resonanz / Anziehung / Vertrautheit

Alles Leben beruht auf „Beziehung". Wir müssen in Beziehung
treten um uns fortzupflanzen, sind in Beziehungsgeflechten
(Familie, Beruf, Freunde) eingebunden. Das Gesetz der Reso-
nanz ist hier wohl am deutlichsten nachzuvollziehen, denn es
sagt, dass sich Manifestationen nur ereignen, wenn wir mit
„etwas" in Resonanz sind. Wir ziehen die Dinge an und stoßen
sie ab.
Was wir aber anziehen, das ist nicht zufällig – wir sind der
Magnet der Resonanz. In allem. Alle Schmerzen, die wir im
Leben zu ertragen haben, und die nicht durch Krankheit oder
Verwundungen bestehen, sind Resultate aus Beziehungen.
Gehen wir also sorgfältig damit um.

+ Positiv ist, wenn wir in guten Beziehungen leben.
- Negativ ist, wenn diese zu Streit, Trennung, Kriegen führen.

• Das Prinzip der Veränderung

+ Beratung -
Veränderung / Neuland / Aufbruch

Nichts kann so bleiben wie es ist. Das Gesetz der Veränderung. Sich oder anderen etwas raten, beraten, ist nur dann sinnvoll, wenn es um irgendeine Veränderung geht. Beratung, die nichts verändert ist Blindleistungs-gesteuert. Das ist eine überaus beliebte Betätigungsart, jeder gibt gerne Ratschläge (sind auch Schläge) auch wenn er/sie selbst beratungs-resistent ist. Denn Veränderungen sind unbeliebt. Das Schlimmste was es gibt, sind Berater, die nichts kosten (nein, hier ist nicht nur das Honorar gemeint, sondern vielmehr das, was der Rat an Veränderung einfordert).

+ Positiv ist also, wenn die Beratung gute Veränderungen verursacht
- Negativ ist, wenn gar keine Beratungserfordernis da war, da ja ohnehin nichts verändert werden soll oder darf.

• Das Prinzip der Klarheit

+ Entscheidung -
Klarheit / Risiko / Unsicherheit

Entscheidungen sind Trennungen: Das will ich und auf das andere (die Alternative) muss ich leider verzichten, mich davon also trennen. Das tut weh, und genau das ist der Grund, weshalb sich so wenig Menschen wirklich entscheiden können. Bis das Leben sie dazu zwingt. Denn nicht entscheiden bedeutet ja nicht,

dass nicht entschieden wird. Auch ohne dich.
Deshalb: Entscheide, oder du wirst entschieden, lebe oder du wirst gelebt. So einfach ist das. Entscheidungen sind deshalb so risikoreich, weil man zum Zeitpunkt der Entscheidung selten über alle Daten und Fakten verfügt, um sicher entscheiden zu können.

+ Positiv ist, wenn man richtig oder überhaupt entscheidet.

- Negativ ist, wenn das Risiko, das man eingeht größer ist, als man es im negativen Falle ertragen kann.

Persönlichkeit, Rolle und Verhalten

Die menschliche Seite des Erfolgs

Es gibt sie also, die „Archetypen" als Prinzipien des Lebens. Jeder Mensch und jedes Unternehmen hegt bewusste oder unbewusste „Vorlieben". Die können aus natürlicher Veranlagung kommen, aber auch anerzogen sein. Mit diesen archetypischen „Energieformen" steuert unsere Persönlichkeit die Rollen, mit deren Hilfe wir in Kontakt mit unserem Umfeld unser Leben gestalten.

Was immer wir erleben, wir erleben es in einer Rolle, in einem jeweiligen Rollenbild. Alles, ohne Ausnahme. Schon als Baby sind uns Rollenbilder zugeteilt: Junge (blau), Mädchen (rosa). Im Hotel sind wir Gast, im Flugzeug Passagier, in Veranstaltungen Publikum. Jeder Beruf ist „Rolle". Der Vorstand einer AG kann ein Schwein sein und der Portier eine Seele von Mensch. Wem wohl gehört die größere Anerkennung?! Ob es uns passt oder nicht, wir werden in unserer Rolle und der damit verbundenen Erwartung an die jeweilige Rolle gesehen. Die Persönlichkeit formt „nur" die Rollenwirkung. Stimmig oder nicht. Daraus entsteht unser Image.

Wir alle brauchen Anerkennung und das bedeutet, unsere Wertigkeit (an-) zu erkennen und zu bestätigen. Das ist auch die Ursache für unser ewiges Suchen nach Menschen, die uns das Gefühl geben, jemand zu sein. Nicht umsonst fragen wir neue Bekannte nach kurzer Zeit, „was sie denn beruflich tun". Damit ist insbesondere auch die Frage nach der Bedeutung des neuen Gegenübers gestellt. Wenn der Gefragte erklärt, dass er Universitätsprofessor ist und wir sind dagegen bei der Müllabfuhr, dann haben wir halt ein Problem mit uns und der Rolle, in der wir unterwegs sind. Selbstbewusstsein baut sich im Verhältnis zu anderen auf. Selbstüberschätzung ist eine Schutzmaßnahme des Egos gegen Minderwertigkeitsgefühle.

Jede Rolle ist verbunden mit Erwartungen und „Regieanweisungen" (ein Junge weint nicht, Mädchen dürfen) und es gibt Sanktionen bis zur Bestrafung, wenn Regieanweisungen nicht zu befolgt werden. Raucher (auch das ist eine Rolle), die trotz Verbot im Flugzeug rauchen, werden heute sofort sanktioniert.

Das Erleben und die damit verbundene Bewertung leistet hinter unserer jeweiligen Rolle unsere „Persönlichkeit". Sie richtet (wertet) die Erfahrungen, die wir in unseren Rollen machen; „gut" oder „schlecht", Zustimmen, Annehmen oder Ablehnen oder verweigern. Die „Persönlichkeit" – unser Wesenskern – „formt" unsere Motivation und Stimmung durch die bewerteten Erfahrungen, die wir in einer Rolle machen.

Übt man einen Beruf aus, dessen Rolle von der Persönlichkeit abgelehnt wird, so kann unmöglich Begeisterung oder gar Enthusiasmus für diesen Beruf entstehen. Damit fehlt die so wichtige Erfolgsgrundlage, der Beruf wird zur Tortur.

Interessant ist in diesem Zusammenhang, dass es weder in der Psychologie noch in der Philosophie eine einheitliche Definition für den Begriff „Persönlichkeit" gibt. Es gibt bestenfalls Annäherungsumschreibungen, die in sich selbst höchst erklärungsbedürftig sind. „Charisma", „Charakter", „Charme". Was ist denn das genau? Wieder erhalten wir höchst schwammige Definitionen, die die Individualität eines Menschen meinen. Kein Wunder, dass Sekten ihren Menschenfang gerne über Seminare zur „Persönlichkeits-Entwicklung" betreiben. Damit kann man alles machen und alles unterbringen.

Die „Energie der inneren Kraft unserer Persönlichkeit" formt die Rollen, mit denen wir in Kontakt zu unserem Umfeld sind. Deshalb bleiben große Schauspieler auch in ihren unterschiedlichsten Rollen immer sie selbst. Heinz Rühmann blieb immer Heinz Rühmann. Sean Connery blieb Sean Connery. Oder Robert de Niro. Obwohl er sich mit Hilfe des Method Acting (Ausbildung für Schauspieler nach Lee Strasberg) Monate lang mit aller Konsequenz in neue Rollen „einlebt", bleibt auch er stets er selbst. Deshalb schätzen wir ja die Schauspieler, die uns bewegen. Sonst wären sie beliebig austauschbar.

Der Kernfaktor für Erfolg oder Konflikt ist Identifikation. Sie ist die Mutter der Motivation. Kann sich die Persönlichkeit eines Menschen nicht mit einer Rolle identifizieren, wird diese „befeindet". Übernimmt ein Schauspieler eine Rolle, die ihm nicht „liegt", wird die Darstellung unglaubwürdig. Das gilt für alle Tätigkeiten und Berufe. Authentizität kann nur entstehen, wenn Rolle und Persönlichkeit nicht gegeneinander kämpfen. In der Film- und Theaterwelt wird im Casting die richtige Rolle mit dem richtigen Schauspieler besetzt. Davon hängt alles ab.

Persönlichkeit

= das Erleben hinter allen Rollen und der (Intim-) Bereich der Individualität. (Erklärungsthemen: Charisma. Charakter. Charme.)

Rolle

Rollen sind die mit einem Verhaltenskonzept ausgestatteten Ausdrucksformen der Persönlichkeit. Mit unserer jeweiligen Rolle machen wir unsere Erfahrungen – in Umwelt und Gesellschaft. Zu diesen Erfahrungen sagt die Persönlichkeit „Annehmen" oder „Ablehnen", „Ja" oder „Nein".

Jeder Beruf ist Rolle. Jede Tätigkeit erfolgt Rollen-bezogen, mit:

a) Erwartungen an die Rolle.
b) Regieanweisung. Was geht? Was ist ok? Was wird sanktioniert?
c) Sanktionen bei „Rollen-Verstößen" oder „Rollen-Brüchen".

Rollenbilder lassen sich in vier Felder analog der beschriebenen „archetypischen Prinzipien" zusammenfassen.

- Versorgungs-Arbeit mit ihrer jeweiligen Methodik (wie meist das Handwerk →Arbeit basierend auf vergangener Erfahrung)
- Beziehungsgestaltung mit der erforderlichen Energie zum Miteinander, zum zusammenführenden Dialog.
- Veränderung und Zukunftsgestaltung mit dem Erfordernis, im Wald der Möglichkeiten Rat zu geben und Veränderungen zu begleiten.
- Zielklarheit und Durchsetzungserfordernisse zur Erreichung von Zielen und zur Umsetzung neuer Erkenntnisse.

Es ist ziemlich unsinnig von jemandem, der über keinerlei emotionale Kompetenz verfügt, den einfühlsamen Umgang mit anderen Menschen zu verlangen.

Ebenso ist es schwierig, ohne konzeptionelle Intelligenz Innovationen erwarten. Egal ob in der Sache oder im Verhalten.

Für den sortimentsorientierten Verkauf ist intelligentes Angebots-verhalten hilfreich und wenn Durchsetzung ohne HauruckHam-mer sinnvoll ist, sind intelligente Jagdmethoden gerade im Verkauf, aber auch sonst im Leben, gewiss nicht verkehrt.

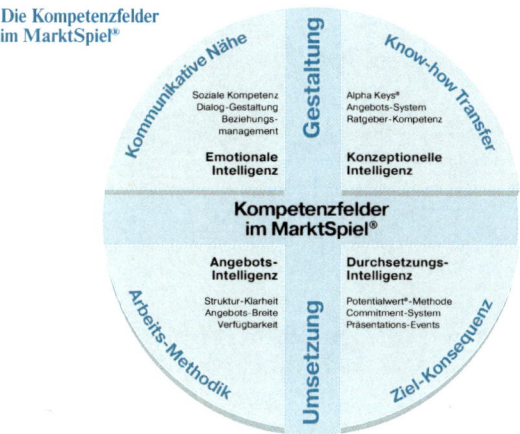

Entscheidend für die Umsetzung ist die erforderliche Kompetenz. Dazu gehört die Überlegung, für welche Aufgabe welches Leitfeld und welche Eigenschaften erforderlich oder hilfreich sind. Aus dem Ergebnis dieser Überlegungen ergibt sich die Kombination der Felder und der Einsatz erforderlicher Methoden, deren Um-setzung trainiert wird. Dies macht wirklich mehr Sinn, als ein zwar hoffnungsvolles, aber wirkungsarmes übliches Verkaufstraining.

Die Felder in anderen Rollen-Bildern

Norden, Süden, Westen, Osten. Feuer, Wasser, Erde, Luft: Wie es „nur" vier Himmelsrichtungen und vier Elemente gibt, sind es vier Felder, vier Richtungen, vier Energieträger und deren Kombina-tion, mit der wir alles gestalten.

Differenzierung.

Die vier Strategien und deren in (Wort-)„Anker" gefasste Rollenbilder „Jäger", „Entwickler", „Verwalter", „Kontakter".

Rollen-Strategien ...

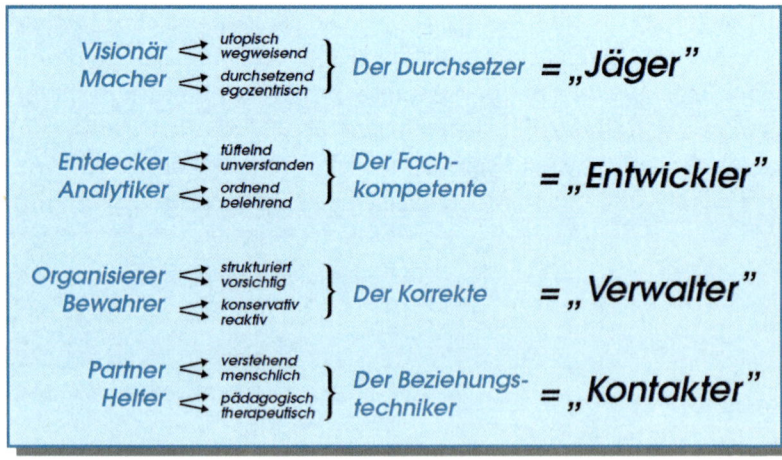

...und deren Feld-Zuordnung:

Das „Rollen-Strategie"-Modell.

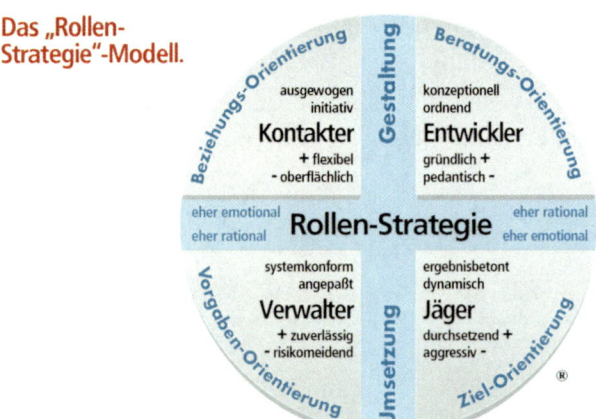

Nordost, Südwest und so fort sind „Mischformen", die es ebenso für die Rollen-Kombinationen gibt:

Es ist wirklich von Bedeutung, welche Felder und welche Feldkombination den Erfolg eines Menschen vor allem in seinem beruflichen, aber auch privaten Umfeld fördern oder behindern.

So kann das Konfliktpotential gelernter Rollen, die im Gegensatz zu einem natürlichen, also tätigkeitsneutralem Rollenprofil stehen, nur dann entkrampft werden, wenn man sich dieser Divergenz bewusst wird. Hier ein Fall aus erlebter Wirklichkeit.

Den schwankenden Erfolg eines Verkäufers im Außendienst konnte sich niemand so recht erklären, bis mit den Verhaltensprofilen die Rollenbilder vorlagen.

Das berufliche Rollenprofil zeigte ein durchsetzungsgestütztes Beziehungsprofil, das einem Verkäufer durchaus hilft (wenn es „echt" ist).

Das tätigkeitneutrale Profil aber zeigt ein „Spaltungsprofil" zwischen Vergangenheitsorientierung (Verwalter) und Zukunftsmotivation. Die beiden Profile nebeneinander zeigen eine Rollendivergenz, die die Misserfolge dieses Verkäufers erklären und machen deutlich, warum hier ein rollenbezogenes Training wirklich hilft, rollenbedingte Spannungen zu entkrampfen:

Rollenprofil

Verkauf
Verhaltens-Tendenz-Profil

Tätigkeits
Neutrales Verhalten

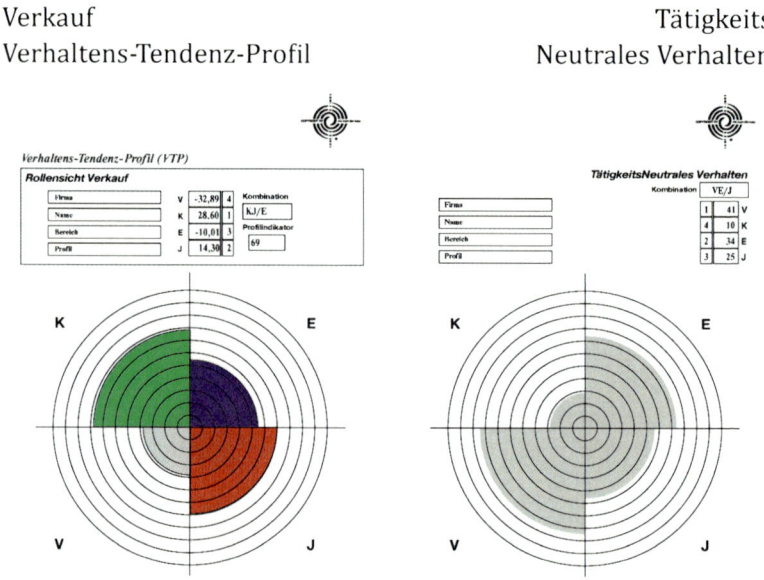

Anmerkung:

Die Vorliebe für eine Rolle bedeutet nicht, sie auch „kultiviert" zu haben. Meint: Ohne Methoden hat die jeweilige Rolle keine „Variablen" für situativ kluges Verhalten. Die Rolle zeigt sich nur in den „archetypischen" Verhaltensweisen des jeweiligen Rollenbildes. Nachstehend dazu eine Betrachtung, die dies nachvollziehbar macht:

Grundlagen der vier Rollen-Strategien im Verkauf:

→ Jede Rolle hat Unterschiede in der Wirkung, daraus folgen:

→ Unterschiede in der Resonanz des Kunden auf das eigene Verhalten; Beispiel:

→ „Zufälliger" Erfolg beim Kunden? Reproduzierbarer Erfolg erwünscht? Konsequenz und Aufgabe:

→ Ihre Rollen-Strategien erkennen und Stärken in der Rolle entwickeln.

→ **Beispiel: der ungeübte „Verwalter"**
   - → beißt sich in Strukturen der Vergangenheit fest
   - → ist Briefträger für Angebote, die er gewissenhaft abfragt
   - → kann keine Variationen seines Angebots in Betracht ziehen

→ **der lernende „Verwalter"**
   - → nutzt „Struktur", um in seiner jeweiligen Aufgabe sicher zu sein
   - → präzisiert seine Arbeitsmethodik und richtet sie konsequent
   - → auf die vorgegebenen Ziele aus

→ **und immer wieder: üben, üben, üben ...**
   - → macht den unbewussten „Amateur" zum bewussten Profi

→ **Beispiel: der ungeübte „Kontakter"**
   - → verwechselt Begegnungssympathie mit echter Beziehung
   - → sucht Kunden- „Freunde", die in schwierigen Zeiten zu ihm stehen
   - → kämpft um Anerkennung als Person – vergisst dabei, dass die Kontakte zweckbezogen sind

➔ der lernende „Kontakter"
  ➔ versteht „Beziehung" als tragfähiges Modell, um Umsatz
    und Marktpotenziale zu gewinnen
  ➔ nutzt geschaffene Beziehungen als Empfehlungsinstanz
  ➔ entwickelt Kontaktstrategien, um Wettbewerbsangriffe
  ➔ rechtzeitig zu erkennen und gegenzusteuern

➔ **und immer wieder: üben, üben, üben...**
  ➔ macht den unbewussten „Amateur" zum bewussten Profi

➔ **Beispiel: der ungeübte „Entwickler"**
  ➔ spult Fachwissen ab – klärt nicht den wirklichen
    Beratungsbedarf
  ➔ verwechselt reine Informationsabgabe mit
    konzeptioneller Beratung
  ➔ kommt nicht auf den Punkt des Abschlusses

➔ **der lernende „Entwickler"**
  ➔ entwickelt Wege zur besseren Wirkung seines Know hows
  ➔ setzt bewusst Methoden ein, die ihm helfen, „auf den
    Punkt zu kommen", um Entscheidungen herbeizuführen

➔ **und immer wieder: üben, üben, üben ...**
  ➔ macht den unbewussten „Amateur" zum bewussten Profi

➔ **Beispiel: der ungeübte „Jäger"**
  ➔ schießt oftmals über das Ziel hinaus und verliert damit
    das Wohlwollen beim Kunden
  ➔ ist auf „schnelles Trophäensammeln" fixiert und vergisst
    das „Pflegen und Hegen" seines Reviers
➔ **der lernende „Jäger"**
  ➔ kultiviert seine Vorgehensweisen mit Instrumenten, um
    im Einklang mit seinem Umfeld seine Ziele zu erreichen

→ beherrscht „Entertainment" im Geschäftsleben, um nachhaltige Wirkung zu erreichen

→ und achtet genau darauf, was er macht, wenn er trifft

→ **und immer wieder: üben, üben, üben ...**

→ macht den unbewussten „Amateur" zum bewussten Profi

Wie sich Rollendifferenzen auswirken – Eine Fallstudie.

Niemand fragt, ob etwa ein Verkäufer für das Spiel, das ein Unternehmen im Markt übernommen hat, mit seiner rollenbezogenen Neigung wirklich passt. Das Unternehmen oft nicht einmal sein eigenes MarktSpiel®, mit dem es unterwegs ist. Die Marktfaktoren sind höchst simpel definiert: Branche, Produkte, Absatzwege, Zielgruppe.

Eine Geschichte

Thomas Schäfer (Name geändert) war ein sehr erfolgreicher Verkäufer für ein Unternehmen, das auf Unterhaltungselektronik spezialisiert war. Er betreute Handelsketten wie Media Markt. Seine Gesprächspartner waren Zentraleinkäufer und die Marktleiter der Niederlassungen. In den Gesprächen ging es hauptsächlich um Aktionen und – natürlich – um Konditionen. Gute Kontakte zu seinen Gesprächspartnern zeichneten ihn aus – er war gern gesehen.

Sein Einsatz war auf die bedarfsorientierte Beziehungsgestaltung mit Durchsetzungserfordernis fokussiert, wie ich herausfand. Er verkaufte Geräte, die im Markt akzeptiert waren (Bedarf) und musste oft hart um Konditionen ringen (Preiskampf). Oft halfen ihm nur seine guten Kontakte, im Wettbewerb zu gewinnen. Mit den Marktleitern plante er Aktionen (Jagd) die er hartnäckig durchsetzen musste. Das ärgerte ihn und der Druck, den er versteckt, aber doch merkbar einsetzen musste, freute ihn wenig.

Sein Rollenprofil, das ich später mit ihm machte, zeigte ein ausgeprägtes Beziehungfeld (Kontakter 1) mit Neigung zur Beständigkeit (Verwalter 2). Eine zwei Felder-Kombination, denn sowohl das Jagd-Feld als auch das Entwickler-Feld waren nur schwach ausgeprägt; das zeigte der Profil-Indikator, der die Feldstärke der Felder genau ausweist.

Ein Headhunter war hinter ihm her. Sie trafen sich und Thomas bekam ein Angebot, das man nicht ablehnen kann, wie der Pate im gleichlautenden Film formulierte.

Das Unternehmen, das ihn haben wollte stellte Anlagen für die Produktion von elektronischen Unterhaltungsgeräten her – also „seine Kragenweite". Das Angebot passte, er kündigte und startete in seiner neuen Aufgabe.

Seine Gesprächspartner waren nun Entwicklung-Ingenieure, mit denen er komplexe Planungen besprach, um die Verhandlungen mit dem Einkauf vorzubereiten. Gewohnt, Konditionen zu vereinbaren, stellte er seine Verhandlungsführung darauf ein und ließ entsprechend Angebote erstellen. Das war aufwändig und kostete Zeit und Geld. Aber die Angebote führen nicht zu den erwünschten Abschlüssen. Nachgefasst, woran das lag, kam fast immer die Antwort, dass die Entwicklungs-Abteilung sich anders entschieden habe.
Diese Geschichte erzählte der Geschäftsführer des Unternehmens dem befreundeten Verkaufsleiter eines Konzerns, mit dem ich zusammenarbeitete. „Frag doch mal Peter Grimm. Der hat hochinteressante Analysen für solche Dinge".

Ich wurde angerufen und kurze Zeit später saßen der Geschäftsführer und Thomas Schäfer bei mir in meinem Büro in Bad Aibling.

Wir machten ein *MarktSpiel®Tendenz Profil* und stellten diesem
das mittlerweile erstelle Verhaltens-Tendenz-Profil von Thomas
Schäfer gegenüber. Wow.

Es zeigte sich, dass die Profile deutlich auseinander lagen. Das Unternehmen war auf Entwicklung (Dimension Zukunft) und Thomas Schäfer auf Bedarf (Vergangenheit) eingestellt. „Bedeutet das,
dass ich lauter Fehler mache", fragte Schäfer „und im falschen Unternehmen bin? Dann müsste ich ja gehen". Auch der Geschäftsführer sah mich fragend an.

„Das glaube ich nicht", antwortete ich. „Klar aber ist, dass etwas
fehlt und wir müssen herausfinden, was. Denn was fehlt, kann hinzugefügt werden. Deshalb bin ich sicher, dass Sie, lieber Thomas
Schäfer, auch keine Fehler machen".

Weitere Analysen ergaben, dass sich die Entwickler des Kunden
nicht verstanden fühlten, weil die Gespräche mit Thomas Schäfer
nicht in die Tiefe gingen. Zwar lagen die technischen Daten alle
immer vor, aber man lag eben nicht auf gleicher Wellenlänge.

Nun war es aber nicht so, dass Thomas Schäfer erst mal Ingenieur
werden musste, nein. Der Ansatz lag in der Vorgehensweise, der
Methode der Beratung. Herstellende Unternehmen sind nun mal
produktverliebt, lieben technische Daten. Das aber sind „nur" die
harten Fakten; gewissermaßen die Beweisführung für Kompetenz. Beratung aber ist ein Lernweg. Die Aufgabe besteht darin,
den Kunden zu helfen, die Zukunft mit Hilfe des zur Diskussion
stehenden Konzeptes zu gestalten.

Rolle und Intention der Gesprächspartner im Verkauf (Kunden) und Leben (Bewerbungen)

Im Verkaufsprozess – aber auch in allen anderen vergleichbaren Begegnungen, zum Beispiel im Bewerbungsgespräch – kommt es darauf an, die Rolle des Gegenübers und die damit verbundenen Intentionen zu verstehen. Die nachstehende Grafik verdeutlicht das. Es geht immer darum, welchen Mehrwert eine Idee, ein Produkt, ein System (im Bewerbungsgespräch der Bewerber als Mensch) geben kann und wie Risiken der Entscheidung minimiert oder gar ausgeschaltet werden können. Gelingt dies, ist man Freund, wenn nicht, wird es erfolgskritisch.

Es ist überaus klug, sich im Klaren darüber zu sein, dass auch der Gesprächspartner in einer Rolle unterwegs ist und die damit verbundenen Intentionen konzeptionell in die Vorgehens-Überlegungen einzubeziehen. Dies gilt insbesondere für Begegnungen mit Beratungserfordernis – und selbstverständlich auch für qualifizierte Bewerbungen.

Aufgabe und Rolle	Intention (Grundabsicht)	Risiko	RollenSpiel V	K	E	J
Gründer, Inhaber, Vorstand	Visionen realisieren	Scheitern				
Geschäftsführender Gesellschafter	Unternehmen entwickeln, Kapital sichern / mehren	Kapitalrisiko (Verluste)				
Geschäftsführender (angestellt)	Unternehmen entwickeln und sichern	Verluste				
Personal-Leiter	Manpower	Die falschen Leute				
Einkauf	Konditionen, Verfügbarkeit, Preise	Zu teuer, zu viel, zu früh, zu spät				
Produkt-Entwicklung, Produktion, Technik	Produkte wettbewerbsfähig zur Verfügung stellen	Kosten und Fehlentwicklungen				
Marketing	Markt-Gestaltung	Aufwand und Irrtum				
Verkauf	Kunden gewinnen, Umsatz	Wettbewerb und deren Angebot / Verkäufer				
Logistik & Service	was, wann, wo, wer, wie	Kosten und Zeit				
Buchhaltung, Finanzen	Geldströme steuern	Liquidität				

Background
Beratung als Lernweg

Beratung ist immer Zukunft, ist immer auf Veränderung gerichtet. Beratung, die nichts verändert, ist sinnloses Gewäsch und für die Vergangenheit braucht es keinen Rat mehr. „Das hätte ich aber so und so gemacht" ist ja bereits wieder in die Zukunft gerichtet, denn es setzt eine Wiederholung auf neue Art in der Zukunft voraus.

Die Zukunft aber ist immer eine mehr oder weniger ausgedachte Vision. Auch wenn sie schon technisch unterlegt ist. Aber realisiert ist sie eben noch nicht. Und in der Beratung geht es darum, klar zu machen, wie das zu schaffen ist. Genau deshalb ist Beratung ein Lernweg.

Beratung als Lernweg.

Vision
Potenzialwert
Weg
Zeit
Ressourcen

1. Beratung ohne Vision ist wie ein Konzept ohne Idee.
   Wie hoch ist der Potenzialwert des realisierten Konzeptes?
2. Was spart oder bringt es in Bezug auf Lebensqualität, Kosten, Nutzen. Vor allem aber: Was entgeht dem zu Beratenden, wenn er es nicht so macht, wie vom Berater vorgeschlagen? (Daraus entstand die Alpha®Key Methode als Methode für die argumentative Gestaltung der Beratung).

3. Wie sieht der Weg zur Realisierung in Zeit und Raum konkret aus?
4. Welche Ressourcen (Geld, Zeit, Menschen, Material usw.) werden gebraucht?

Background
Mit AlphaKey® gewinnen

Alpha-Key®
Wert-Schöpfung durch Wert-Schätzung
Die Präzisierung der tatsächlichen oder relativen
Alleinstellung im Markt

Themen können z.B. sein:

• Erfolgsfaktoren präzisieren.
• Brillant argumentieren.
• Alleinstellung definieren und kommunizieren.
• Raus aus der Vergleichbarkeit.

Zu Erklärung
Die AlphaKey®Methode basiert auf dem Vorbild der Zange.
Der Mensch muss greifen um zu begreifen. Deshalb hat die Hand einen Daumen, deshalb hat die Zange zwei Greifer, sonst wäre sie ein Haken. Genauso ist es mit Argumenten. Man bietet Vorteile und Nutzen, OK. Die Zangenwirkung, das Verstehen – begreifen – aber erfolgt einfach „packender", wenn gegenüber den Vorteilen die Nachteile (das sind in diesem Kontext entgangene Vorteile) ausgesprochen und klar aufgezeigt werden: Worauf verzichtet man, wenn man es nicht so macht, wie in der Beratung herausgearbeitet wurde.

Merke:

Wenn ein Kunde auf die Vorteile und Nutzen, die er hätte haben können, verzichtet und ihm dadurch keinerlei Nachteile entstehen – ihm also nichts entgeht – was sind die Vorteile dann wert?

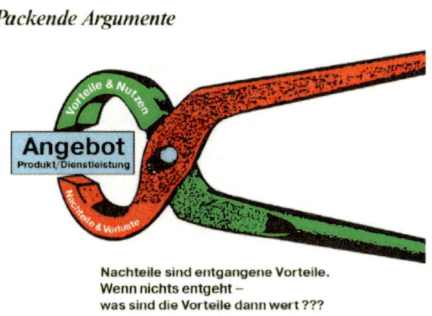

Packende Argumente

Nachteile sind entgangene Vorteile.
Wenn nichts entgeht –
was sind die Vorteile dann wert???

AlphaKey ist die Methode, auch bisher unentdeckte oder ungenutzte (weil für selbstverständlich gehaltene) Alleinstellungs-Merkmale nach dem Vorbild der Zange zu definieren – und deren Bedeutung in Bezug zu (scheinbar vergleichbaren) Angeboten und Leistungen zu präzisieren. Das führt fast immer dazu, den Preiskampf nachhaltig zu entkrampfen.

Anmerkung:

Wenn man von Menschen wissen will, was für sie spricht, welche Stärken sie haben, fragt man meist in ein Vakuum hinein. Bestenfalls wird noch die Tätigkeit, der Beruf genannt. Wenn man weiterbohrt „was unterscheidet dich von anderen wirklich?" – dann ist Pause. Eigenlob stinkt haben wir gelernt.

Bei Unternehmen ist das mit einem Unterschied ähnlich: Dort kann man zwar die erstellten Leistungen (Produkte, Dienste) genau benennen, aber die Frage nach der so wichtigen Abgrenzung zum Wettbewerb wird meist mit technischen Daten und „Qualität" oder Herstellungsverfahren beantwortet. Damit verbunden ist das übliche Leistungsgefasel „...schon in frühen Jahren haben wir...“). Fragt man aber dezidiert nach, welche Nachteile Kunden entstehen, wenn diese nicht das Leistungsangebot des Unternehmens (zum Beispiel aus Preisgründen) kaufen, dann herrscht – Vakuum.

Das Unternehmen, in dem Thomas Schäfer nun arbeitete, hatte verstanden. Die AlphaKey®Methode wurde umgesetzt und das Konzept für den „Lernweg“ in der Beratung ausgearbeitet. Thomas Schäfer bekam die Chance, seine Kompetenz als Berater auszubauen. So wurde hinzugefügt, was vorher fehlte. Statt Schuldzuweisung klare Erkenntnisse und diese intelligent umsetzen. Schäfer blieb bei dem Unternehmen.

Hier noch eine kleine Ergänzung:
Stellen Sie sich einen Vergangenheits-fixierten Menschen vor, vielleicht den Geschäftsführer eines Unternehmens mit Rollenprofil „Verwalter“.

Zu ihm stürmt ein zukunftsdynamischer Verkäufer, Rollenbild „jagdorientierter Entwickler“, und eröffnet „heute habe ich eine Idee für Sie mitgebracht, die lässt nichts mehr wie es war. Es wird alles anders. Ist das nicht toll!“. Der Rest ist Schweigen.

Und noch etwas:
Das im Verkauf bekannte Phänomen „Je besser ein Berater, umso weniger schließt er aktiv ab“ lässt sich übrigens abstrakt, sicher aber nachvollziehbar aus der Unschärfenrelation (Quantenphysik) und der Rollenpsychologie erklären: Fixiert auf gute Beratung erlebt der Berater, wie sein Gegenüber „mitgeht“. Am Ende der Beratungsorgie wird nun vom Gegenüber die Quittung für diese Leistung vom Gegenüber dadurch erwartet, dass es nun an dessen Rolle ist, darum zu bitten, bekommen zu dürfen, was der Berater geraten hat. Die Erfordernis, den Auftrag abzuschießen, ist in dem Moment völlig in der Unschärfe. Erst später, wenn der Auftrag vielleicht an einen anderen Wettbewerber ging, wird bewusst, dass

es an ihm gelegen hätte, „den Sack zuzumachen".
Alles klar?!!

Background
Das Spiel im Markt; Das MarktSpiel®System

Vorbemerkung

Das MarktSpiel®System dient dem Erkennen und Aktivieren von Potenzialen. Es ist Sollwertgeber für Maßnahmen und Methoden für vom Zufall befreite Wege zum erwünschten Erfolg. Das Markt-Spiel®System trägt dazu bei, den unerwünschten Preiskampf im Markt zu entkrampfen und hilft, Blindleistungen zu eliminieren.

Das MarktSpiel®System

- macht die Chancen und Risiken in Beziehungsgestaltung und Zusammenarbeit deutlich,
- öffnet den Zugang für das Verstehen von Entscheidungsabläufen,
- zeigt, welche erfolgsbezogenen Faktoren herausgearbeitet und betont werden müssen,
- macht bewusst, wie zielorientierte Kommunikation geführt- und wie Argumente Kraft und Bedeutung bekommen,
- klärt, welche Energiequalität im Verhalten verstärkt werden sollte,
- ist Navigation und Impulsgeber für die Eliminierung von Blindleistungen.

Das *MarktSpiel®System*
macht Verhalten und Wirkung sicht- und damit steuerbar.

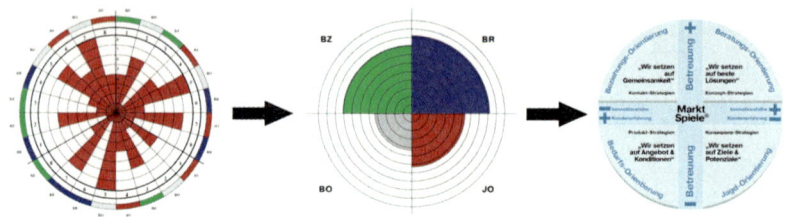

Die Spiel-Theorie sagt, dass *alles* im Leben *Spiel* ist. Es kann lustig oder tödlich sein. Es geht um „Gewinnen", „Verlieren", und eben um die Art des Spiels. Ein Spiel im Markt kann stimmig oder tragisch sein, kann dem Konkurrenten oder Wettbewerb zuarbeiten, man kann „vor dem falschen Fenster singen", wenn etwa die Zielgruppe oder Zielperson nicht stimmt. Allen Spielen gemeinsam ist, dass sie Regeln, Sollwertgeber, brauchen, die das Spiel bestimmen und den Akteuren Klarheit über ihre Rollen und das damit verbundene Rollenverhalten gibt. Wie wollen wir wirken und wie soll uns unser Umfeld wahr nehmen. Dieses Thema ist die zu klärende Aufgabe im *MarktSpiel®System*.

Feuer, Wasser, Erde, Luft:

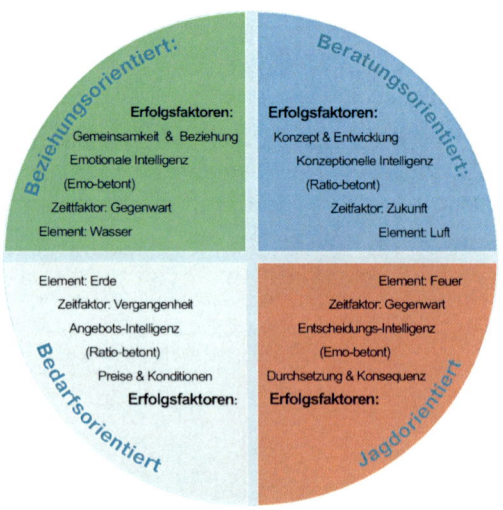

Bedarfsorientiert:
Element: Erde; Farbe grau
Zeitfaktor: Vergangenheit
Angebots-Intelligenz (Ratio-betont)
Erfolgsfaktoren: Preise & Konditionen

Beziehungsorientiert:
Element: Wasser, Farbe grün
Zeitfaktor: Gegenwart
Emotionale Intelligenz (Emo-betont)
Erfolgsfaktoren: Gemeinsamkeit & Beziehung

Beratungsorientiert:
Element: Luft, Farbe blau
Zeitfaktor: Zukunft
Entscheidungs-Intelligenz
Konzeptionelle Intelligenz (Ratio-betont)
Erfolgsfaktoren: Konzept & Entwicklung

Jagdorientiert:
Element: Feuer, Farbe rot
Zeitfaktor: Gegenwart
Entscheidungs-Intelligenz (Emo-betont)
Erfolgsfaktoren: Durchsetzung & Konsequenz

Die Felder im MarktSpiel®System...

...und deren Kombinationen. Welches Feld ist Leitfeld und damit Nr. 1, welches Nr. 2 und wie unterstützt Feld 3 die beiden anderen Felder?

Bin ich innovativ im Feld Entwicklung (Beratung, Konzept) unterwegs, sollte das zweite Feld das Jagdfeld (Durchsetzung) sein. Sonst machen andere unsere Vorleistung zu ihrem Erfolg.

Ein jagdgestütztes Beratungskonzept ist dann hocheffizient, wenn Innovationen und neue Ideen durchzusetzen sind.

Merke:
Ein zukunftsgerichtetes Konzept mit einer bedarfskonformen Strategie innovieren zu wollen, macht Beratung wertlos, sie wird in die Selbstverständlichkeit abserviert.

So hat jede Kombination ihre Vorteile, aber auch Fallstricke. Die wichtigste Frage aber ist, wie sieht uns das Umfeld. Stimmt das nicht mit unseren Absichten überein, muss man daran arbeiten. Das ist konkrete Imagegestaltung.

Die folgende MarktSpiel®Matrix lässt dies deutlich erkennen.
(Die Buchstaben V, K, B, J – Verwalter, Kontakter, Berater, Jäger – in der Matrix stehen für die Rollen, die den Feldern zugeordnet sind)

Die erfolgskritischen Faktoren der jeweiligen Felder stehen unter der Feld-Bezeichnung.

Merke:

- Nur „Bedarf" und „Beratung" beziehen sich auf Produkte, Dienstleistungen und Service-Bereiche. Es sind überwiegend rational angelegten Sachfelder.
- „Jagd" und „Beziehung" dagegen sind wirkungsverstärkende, überwiegend emotionale Felder.

Den Preiskampf entkrampft man am besten mit der Strategie „Raus aus der Vergleichbarkeit". Relative Alleinstellung zu erreichen, ist durchaus möglich, absolute Alleinstellung zu schaffen ist das Ideal – aber wie alle Ideale nur sehr schwer zu erreichen. Vorsprung durch Innovation am Punkt der größten Wirkung ist aber eine immer einer besonderen Anstrengung wert.

Die Präzisierung oder Ausgestaltung der Markt-Spiel®Felder in der „Drei-Einigkeit" des Zusammenwirkens der drei Einflussfaktoren

So verdoppeln Unternehmen und Menschen ihren Wirkungsgrad.

Unternehmen und Menschen sind in Bezug auf das „Spiel im Markt" auch immer in einer Rolle und deren bewerteter Wirkung unterwegs. Zum Beispiel als menschenorientierter Beziehungsgestalter, als wegweisender Berater, als potenzialerobernder Jäger oder als verwaltender Bedarfserfüller. Alles auf einmal geht nun mal nicht. Es kommt darauf an, dass das MarktSpiel®, die Rolle und das Geschäftsmodell (Produkte und Leistungen) mit den jeweiligen Zielen übereinstimmen. MarktSpiel®-Profile befreien hier nachhaltig von Illusion und Blindleistung. Man navigiert bewusst im Reich der Potenziale.

Wenn Unternehmensstrategie und Rollenverständnis zusammen passen, ist Vieles besser zu schaffen. Vor allem werden Potenziale von Unternehmen, Business und Menschen besser genutzt und Ziele eleganter erreicht.

Wie definiert man ein *MarktSpiel*®

Nachstehend ein echtes Beispiel. Der Name wurde geändert. Die Phantom AG verkauft technische Produkte über den entsprechenden Fachhandel.

Die "Phantom AG" Teil I:

Die Situation:

Die Phantom AG ist ein vertriebsabhängiges Unternehmen und verkauft innovative, erklärungsbedürftige Druckluftanlagen und Zubehör, darunter auch Werkzeuge über den einschlägigen Fachhandel B2B an gewerbliche Nutzer; mittelständische Unternehmen.

30 Verkäufer im Außendienst werden von einem Vertriebs-Vorstand und fünf regionalen Verkaufsleitern geführt, die auch Key Account-Aufgaben wahrnehmen. Die Verkäufer selbst bauen auf ihre guten Kontakte zum Handel und verhalten sich praxisgerecht und erfahrungskonform.
Stolz ist man auf die fachliche Kompetenz und auf Service-Leistungen, die allerdings vom Handel als selbstverständlich eingestuft werden. Die guten Beziehungen zum Handel ergänzen dieses Szenario.

Die Geschäftsleitung denkt ergebnisorientiert und setzt auf Vorsprung im Wettbewerb. Die Verkaufsleiter vertrauen auf die Produktpalette und deren Qualität und auf das gute Image der Phantom AG. Sie führen die Verkäufer durch Sollvorgaben, klare Ziele und regelmäßige Konferenzen, die alle auf dem Laufenden halten.

Die Phantom AG investiert nicht unerheblich in das Verkaufstraining, um die aus Sicht des Vorstandes erforderlichen methodischen und psychologischen Themen zu vermitteln und zu trainieren. Das Feedback dieser Veranstaltungen ist immer sehr gut und rechtfertigt diese Maßnahmen.

Ergebnisanalysen und die Entwicklung der Vertriebskosten zeigen allerdings, dass viele Besuche des Außendienstes ohne Ergebnis bleiben. Die Neukundengewinnung stockt und das Potenzial im Markt wird durch den Handel zu schwach ausgeschöpft. Gemeinsame Besuche mit dem Handel bei dessen Kunden zeigen kein klares Bild und sporadisch durchgeführte Zufriedenheitsbefragungen bei Endkunden ergaben keine konkreten Anhaltspunkte für erforderliche Veränderungen.

Aber es häufen sich Forderungen des Handels nach besseren Konditionen und weiteren Zusatzleistungen. Als Grund wird genannt: die Wettbewerber der Phantom AG seien auch gut und die Produkte der Phantom AG längst keine Selbstläufer mehr.
Die Gesamtsituation und der zunehmende Preiskampf mit immer neuen Konditionsforderungen veranlassten das Unternehmen, über seine Strategie nachzudenken.

Ein Instrument dazu ist das MTP, das MarktSpiel-Tendenz-Profil. Es macht Schluss mit „Meinung über…" und zeigt – in ein Matrix-Profil umgesetzt – ein Abbild der Realität, über das man dann qualifiziert reden kann. Sinnlose Diskussionen sind eliminiert.

Das nachstehende *MarktSpiel®Profil* der Geschäftsleitung zeigt ein bedarfsgestütztes Beziehungsspiel; im Grunde ein Zwei-Felder-Profil. Vorher glaubte man sich rechts oben im Beratungs- und Entwicklungsfeld zu Hause.

Man erkannte, dass man für den Handel austauschbar geworden war und das galt es, zu ändern.

Die überwiegende IST-Situation vom derzeitigen
MarktSpiel® der Phantom AG:

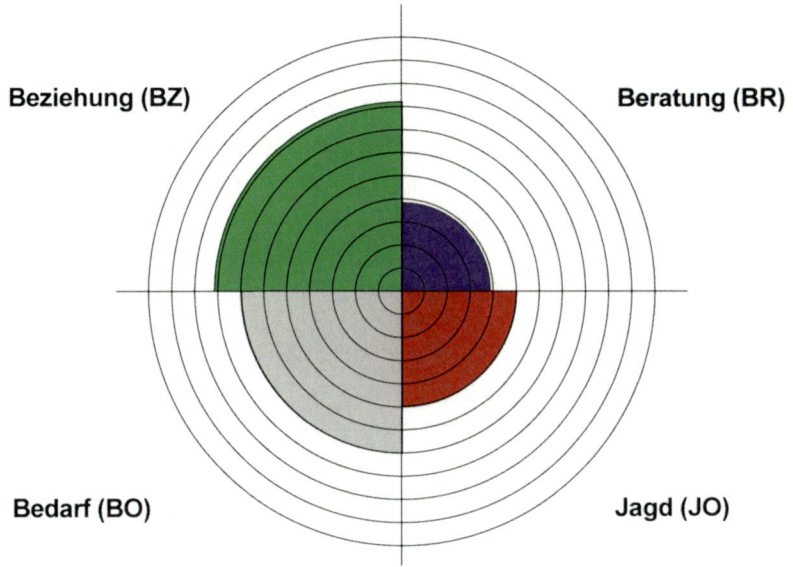

MarktSpiel®-Ist

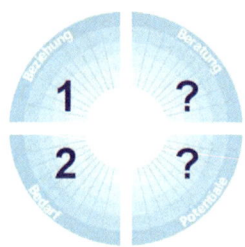

Die Phantom AG im Spannungsfeld des sich veränderten Umfeldes.

Die drastischen Veränderungen im Markt führen auch in der Phantom AG zu Überlegungen für eine Neuorientierung in Bezug auf die bisherige Marktbearbeitung.

Heute ist die Phantom AG auf die Betreuung der klassischen Institutionen im Markt fokussiert und setzt insbesondere auf gute Kunden-Beziehungen. Mit entsprechenden Marketing-Konzepten, Aktionen, und Events hat sich die Phantom AG eine beachtliche Marktposition erobert.

Die zunehmende Abhängigkeit von einem doch sehr reaktiven Verhalten im Handel und der zunehmende Preiskampf laden zu einem Umdenken in strategischen Fragen der Positionierung und in Bezug auf die künftigen Marketing-Schwerpunkte ein.

Die Phantom AG ist heute nach Produkt- und Anwendungs-Gesichtspunkten organisiert und es besteht der dringende Wunsch dem zunehmenden Preiskampf zu entkrampfen – und das Spiel im Markt zukunftsfähig zu organisieren.

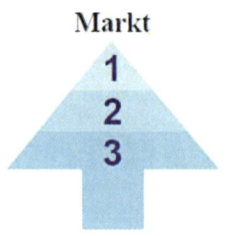

Der Key-Faktor der Zukunft.

Wie man es auch dreht und wendet, Endkunden-Kompetenz wird zum Key-Faktor der Zukunftsfähigkeit. Habe ich Einfluss auf die Verbraucher kann ich das Spiel gestalten und mit Methoden des Direkt-Marketing "technisch" steuern.

Ohne Endkundenbesitz läuft man Gefahr, zunehmend austauschbar und damit in jeder Beziehung "erpressbarer Lieferant" zu sein. Partnerschaft wird zur Karikatur und zwingt zur Kostenführerschaft um auch im Preiskampf im Spiel zu bleiben.

Denn auch beste Beziehungen zum Handel versanden in Appellen und nur allzu häufig im Preisgerangel. Zwar kann man auch mit konditioneller Nachgiebigkeit Beziehungen pflegen, sprich kaufen, dies aber muss man sich leisten können.

Die Lösung vieler Probleme heißt "Endkundenbesitz" und nicht zuletzt deshalb sind Direktmarketing-Organisationen im Allgemeinen so erfolgreich. Würth wäre nie so erfolgreich gewesen, hätte man sich dort auf den Handel verlassen.

Kundenbesitz schlägt Kapitalbesitz. Das aber ist nur mit einer präzisen Endkundenstrategie und einem präzise darauf fokussierten MarktSpiel® Konzept umsetzbar.

Anforderungen an die Umsetzung.

Auch Adressbesitz ist wichtiger als Kapitalbesitz. Deshalb braucht die Phantom AG ein System zur Erfassung, Pflege und Verwaltung von Endkunden auch mit Hilfe des Handels was nur dann möglich sein wird, wenn dem Handel der Mehrwert auch für ihn überzeugend nahegebracht werden kann.

Bisher verkaufte die Phantom AG an den Handel und dieser an den Endkunden- der klassische Weg. Die Folge: Man wird erpressbar und der Handel dominiert das Geschäft, denn der Kundenbesitz liegt beim Handel.

Die Phantom AG wird sich künftig selbst um den Kunden bemühen und der Handel ist "nur noch" für die Abwicklung zuständig. Aber auch diese Funktion gilt nur für die neu zu schaffende Partnerorganisation mit Handelsbetrieben.

Die (Marketing-) Verwaltung mit allen marktrelevanten Steuerungs-Mechanismen aber ist von der Phantom AG zu leisten und den ausschließlich den Handelsinstitutionen zur Nutzung zur Verfügung zu stellen, die sich zur Partnerschaft mit der Phantom AG comittet haben.

Begleitende Überlegungen

Die folgenden Punkte müssen präzise erfasst und gelöst werden (Die Reihenfolge stellt keine Wertung der Prioritäten dar):

1. Welche Wege, Mittel und Marketing-Instrumente müssen für diese Strategie neu geschaffen werden? (z. B. das Kundenführungs-System für den Handel)

2. Welche Anforderungen, Veränderungen und Prozesse ergeben sich in Bezug auf die künftige Vertriebsarbeit (Einsatz von Telefon-Marketing, Veränderung der Besuchsrhythmen, Themenzentrierte Besuchsplanung, u.a.m.).

3. Auswahl der Start-Kunden im Handel, Präsentations-Form

4. Definierter Marketing-Anspruch unter dem sich alle Aktivitäten integrieren lassen (vom "Kundenclub" bis zum Shop-System Handel und – damit verbunden – dem Erlebnisangebot für die Endverbraucher).
5. Definition der neuen Anforderungen an die Sales Force und deren Coaching.
6. Maßnahmen für den Handel in Bezug darauf, wie die neue Konzeption kommuniziert und in den Handel integriert wird.

7. Gestaltung des Phantom AG Kundenclub (Anspruch, Content, Events) und wie sich die Mitglieder ggfs. "selbst multiplizieren" (Network-Inspirationen).

8. Die technischen Themen (Internet-Forum, Kundenverwaltung und was wird dem Handel unter welchen Bedingungen zur Verfügung gestellt.)

MarktSpiel®-Soll

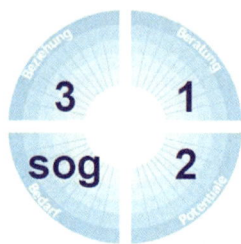

Phantom AG: Vom Produkt zum Konzept-geführten Markt-System.

Die Bündelung aller internen Kräfte, der Außendienst-Einsatz, das Coaching der Akteure intern und extern verlangt die Konsequenz-gestützte Unternehmensentwicklung mit dem Ziel, über den zu schaffenden Endkundenbesitz das Produkt-Angebot in den Sog zu stellen.

Konzept Idee:

- Handels-Aktivierung durch
- Verbraucher-Einbeziehung
- Internet-Präsenz
- Steuerung der Aktivitäten
- Shop System in unterschiedlichen Abstufungen
- Synergetische Zusammenführung aller Ressourcen
- Aufbau und Angebots-System für Finanzierungen.
- PR: Phantom AG verkörpert gelebte Kundenintegration

Dieses Phantom AG MarktSpiel wird nur mit der Bündelung aller internen Kräfte gewissermaßen als "corporate energie" mit dem Focus " vom Endkunden her denkend, zum Markt hin handeln" umgesetzt werden können.

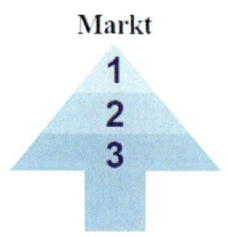

MarktSpiel®-Soll

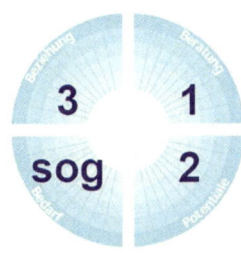

Die Bündelung aller internen Kräfte, der Außendienst-Einsatz, das Coaching der Akteure intern und extern verlangt die Konsequenz-gestützte Unternehmensentwicklung mit dem Ziel, über den zu schaffenden Endkundenbesitz das Produkt-Angebot in den Sog zu stellen.

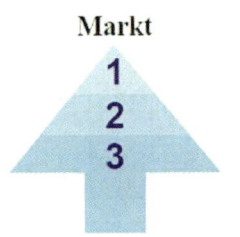

Starten, stoppen, ändern ...

- Was nun unmittelbar zu tun ist:

- Projekt-Verantwortungen und Teams festlegen.

- Klären, was in Bezug auf das neue Phantom AG Markt-Spiel® bereits vorhanden und einsetzbar ist- und was neu geschaffen werden muss.

- Themen und Umsetzungsplan incl. Zeit/Ergebnisse.

- Auswirkung auf die gesamte Phantom AG Organisation (Herausforderung, Veränderung, Chancen).

Ziele, Ergebnisse, Nutzen (jeweils für die unterschiedlichen Instanzen).

Finanzierungsmöglichkeiten für Endkunden aufbauen

- AlphaKey®-Definition aller relativen und handfesten Alleinstellungsmerkmale für Produkt und MarktSpiel®-Strategie.

Die Techniken in der MarktSpiel®-Umsetzung

Den Endkunden kennen

Die guten Beziehungen zum Handel in Bezug auf die neue Strategie festigen und ausbauen. Vorrangig wichtig und von zentraler Bedeutung aber wird sein, dass Beziehungen zu den Endkunden mit dem Ziel aufgebaut werden, die Abhängigkeit vom Handel drastisch zu verändern. Der Handel wird herzlich eingeladen, mitzumachen und in echter Partnerschaft eine neue nutzen- bringende und zukunftsfähige Beziehung mitzugestalten.

MarktSpiel-Steuerung.

Konzeptionelle Focussierung auf drei Hauptbereiche:
1. Endkundenkompetenz
2. Handelsintegration und Handelsentwicklung
3. Strategische Führung des neuen MarktSpieles®
4. AlphaKey®-Strategien profilieren und qualifizieren Alleinstellungsmerkmale zum Handel und zum Endkunden

Ziel: Leadership im Handel durch intelligente Endkunden-Fokussierung.

3

sog

1

2

Produkte

Durch Endkundenattraktion die Produkte in den Sog der qualitativen Wertigkeit stellen.
Shop Konzepte unterstützen diese Strategie, die konsequent unter Phantom AG Leitlinien stehen.
Finanzierungskonzepte ermöglichen dem Handel Angebote für den Endkunden attraktiv zu machen und den Preiskampf zu entkrampfen.

Konsequenz

Die Neuausrichtung bedeutet eine nicht zu unterschätzende Belastung der gesamten Organisation inkl. des Außendienst-Einsatzes.
Commitment-Strategien mit dem Handel und deren konsequente Umsetzung schaffen Nachhaltigkeit.
Hierzu gehört, alle widerstandsrelevanten, erfolgskritischen Punkte vorher genau durchzuspielen.

Begleitend

Darüberhinaus sollten folgende Inspirationen für die administrative Gestaltung der Endkunden/Handels-Steuerung eingesetzt werden:

1. Kundenerfassungs-Systeme über alle relevanten Kanäle, vor allem Internet.
2. Kundenverwaltungs-System incl. Direktbestellung, Abrechnung über Handel.
3. Controlling (nicht Kontrolle!) aller Maßnahmen, festgehalten in Erfolgsfortschreibungen und Differenz-Analysen. Training aller einbezogenen Instanzen nach Bedarfsanalysen.

Aus dem 2-Feld-MarktSpiel® wurde ein 3-Feld-MarktSpiel®, sprich ein durchsetzungsgestütztes (Jagd = Feldstärke 2) Konzeptsystem (Beratung/Konzept = Feldstärke 1) mit dem Ziel, das Bedarfsfeld (Bedarf = Feldstärke 3) in den Sog dieser Drei-Einigkeit zu stellen, indem man es attraktiver gestaltet.

Das künftige *MarktSpiel*® der Phantom AG:

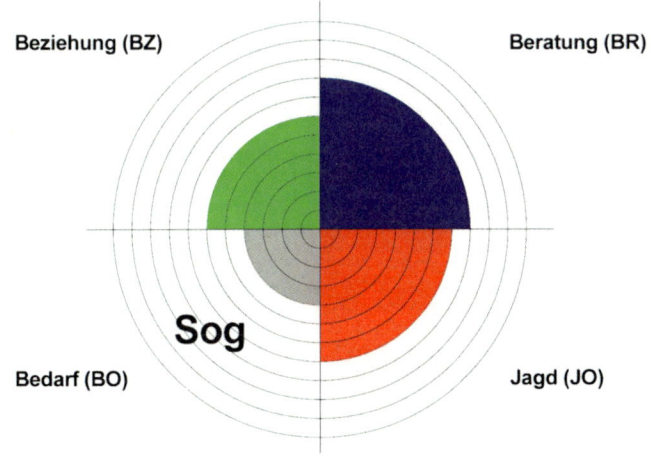

Das neu definierte MarktSpiel® wurde konsequent umgesetzt und die Abhängigkeit vom Handel reduzierte sich deutlich. Durch die AlphaKey-Strategie erkannten die Endkunden den Mehrwert der Produkte. Weite Teile des Handels folgten dem neuen Partnerkonzept und fuhren gut damit.

MarktSpiel® Fazit aus dem Phantom AG-Modell-Fall

Hinter der Phantom AG steckt natürlich ein echter Fall.

Noch "ruhende" und ungenutzte Potenziale erkennen und aktivieren ist eine der Folgen wenn man sich mit den Erkenntnissen, Methoden und Techniken, wie sie im MarktSpiel®System zur Verfügung stehen, befasst.

Allein das Thema "Persönlichkeit und Rolle" (= die menschliche Seite des Erfolgs), ist überaus wertvoll und wichtig. Zusammen mit den in diesem Fall dargestellten Techniken werden Blindleistungen eliminiert, Unternehmens-Leistungen profiliert (Alpha-Key) und Verkäufer sehr viel effizienter.

So zum Beispiel ist Commitment viel mehr als nur ein Handschlag. Es ist eine Strategie um Vereinbarungen von Appellen zu befreien und aus der Unverbindlichkeit herauszuführen. Kurz: Sie von Geschwätz zu befreien.

Aber es gibt eben nur einen Weg, einen Motor zum Laufen zu bringen: Man muss ihn starten ...

Merke:
Commitment ist weit mehr als ein Handschlag. Es ist eine Strategie, um Vereinbarungen von Appellen zu befreien und eine ver-

tragsrechtsfreie Verbindlichkeit hinsichtlich der Abmachungen herzustellen. Nachstehend das Modell einer Commitment-Strategie:

Commitment –Ablauf

Situation:
Was kennzeichnet die jeweilige Situation in Bezug auf Widerstand und Akzeptanz der Rahmenbedingungen. Welche Veränderungen sind erforderlich, wo ist man auf Bewahrung fixiert?

Ziel:
Wie klar ist das Ziel – auch in Raum und Zeit – definiert? Was soll für den Partner, was für mich erreicht werden. Sind die Vorhaben fair?

Weg:
Wie wird das Ziel erreichbar?

Bedingungen:
Was sind die Regeln, welche Voraussetzungen müssen erfüllt werden, was sind die Begleit-Themen?

Konsequenzen – das Herz jedes Commitments
Was kostet es, wenn es anders kommt, als vereinbart? „Kosten" meint hier nicht Geld, sondern was nicht mehr getan oder erfüllt wird, wenn die Bedingungen nicht eingehalten oder einseitig geändert werden?

Anmerkung

Die beschriebene Strategie erwies sich in vielen Konzepten, die man durchsetzen will, als ungemein hilfreich und sie wurde ein zentraler Bestandteil für das „Jagd"-Feld im MarktSpiel®. Sie gehört zu den Umsetzungsmethoden für die Rolle „Jäger".

Ein Blick auf das „Spiel" von Großen aus MarktSpiel®-Sicht

Sieht man sich das Spiel im Markt großer Unternehmen an, versteht man plötzlich deren Strategie. Etwa bei McDonald.
Es ist keine große Kunst, Hamburger herzustellen und es braucht kein Universitätsstudium, um Coca Cola auszuschenken. Ebenso wenig für Pommes Frites. Diese Produkte sind alle im Feld links unten – Bedarf – angesiedelt.

Davon aber lebt McDonald nur bedingt. Nicht nur, dass dieses Unternehmen zu den größten Grundbesitzern der Welt gehört; man könnte McDonald durchaus auch als eine überaus erfolgreiche Immobilienfirma sehen. Und es ist eines der erfolgreichsten Franchise-Unternehmen der Welt. Im *MarktSpiel®System* wäre dies das Feld oben rechts. Ebenso der Geschäftsbereich der Immobilien, denn viel, wenn nicht die allermeisten Restaurants befinden sich auf Grundstücken, die sich bei McDonald zumindest in Pachtbesitz befinden. Das bedeutet auch Macht über die Franchise-Verträge hinaus und ist ganz sicher konzeptioneller Bestandteil der McDonald-Strategie.

Wenn man es als *MarktSpiel®System* beschreiben würde, ist es eine bedarfsgestützte Konzept-Strategie mit konsequenter Durchsetzung. Feld 1 = Konzept, Feld 2 = Bedarf, Feld drei = Jagd. Niemand unterstellt McDonald ausgesprochene Beziehungsbetonung. Oder?

Bei Fielmann (Brille) verhält sich das schon anders. MarktSpiel®-bezogen wäre eine konzeptionell verankerte Beratungsorientierung festzustellen. Feld 1 = Konzept: Brille ist Fielmann. Feld 2 = Jagd: Findest du irgendwo eine Brille, die günstiger ist als bei Fielmann, bekommst du den Differenzbetrag. Feld 3 = Beziehung: Niemand schwatzt dir was auf. Das baut Vertrauen auf. Der Bedarf an Brillen ist bei Fielmann im Sog der drei anderen Felder. Und die Macht des Marktführers erlaubt Preisstrategien und sichere Margen.

Entscheidend ist die Betonung der Felder – welches hat die meiste Energie (Feld 1), welches Feld stützt dieses erste Feld (Feld 2), welches ist das Katalysatorfeld, das die ersten beiden Felder im MarktSpiel® zusammenführt.

Den Erfolg vom Zufall befreien.

Das Problem für nahezu alle Strategien und Konzepte sind, neben der oft halbherzigen Umsetzung, Blindleistungen in Vertrieb/Verkauf. Dazu zählen Besuche, die nichts verändern, potentialarme Kunden schwierigeren Abnehmern vorzuziehen, unnötige Preiszugeständnisse zu machen, um die Beziehung nicht zu belasten, ineffiziente Arbeitsmethoden und so manches andere mehr. Blindleistungen können Umsatz und Ertrag sehr nachhaltig belasten.

Hier liegt gerade im Verkauf B2B der Engpass, der es ermöglicht, dass sich Verkäufer gern auf die Burg mit dem Namen „In der Praxis ist alles ganz anders" zurückziehen und so ihre erlebte Wirklichkeit in der (unbewussten?) Absicht festschreiben, dass alles wie gewohnt bleiben möge. Übersehen wird dabei die in der Tat unbequeme Aufgabe, dass man diese „erlebte Wirklichkeit" – eben die Praxis – zu formen hat.

Oft aber werden Strategien oder die Erfordernis zur Veränderung sauschlecht kommuniziert. Das ist schon deshalb mehr als verwunderlich, weil doch auch die dafür verantwortlichen Macher wollen, dass die Ziele und Inhalte von Strategien und Konzepten verstanden werden. Das kostet zwar viel Kraft, ja! Diese Mühe aber nicht zu investieren hat zur Folge, Verkäufer auf die Rolle von Moderatoren für Preise und Rabatte zu reduzieren.

Abgesehen davon, dass man bei Veränderungen sowieso immer mit der Macht der Gewohnheit zu ringen hat.

Und noch etwas: Solange sich „der Verkauf" überwiegend durch Produkte und Branche definiert, wird sich auch nichts ändern. Man sollte vielmehr „vertriebsrelevantes Vermögen" (Potenziale & Möglichkeiten) erkennen und aktivieren. Das zu tun wird zwar immer behauptet, aber gesteuert wird mit Umsatz und Zielen, die nur bedingt Potenzialthemen einbeziehen.
Sehen wir uns an, welche Antworten ein nach mehr Erfolg suchender Verkäufer auf seine Fragen nach dem richtigen Weg von Repräsentanten verschiedener Aufgaben erhält.

Der Marketingleiter:
Beziehungen aufbauen, die Marketinginstrumente nutzen und unsere Werbung in Ergebnisse umsetzen. Unsere Kunden müssen den Wert unserer Leistungen und die damit verbundene Qualität erkennen. Dafür haben wir den Verkauf. Das ist Ihr Job."

Der Verkaufsleiter:
Fleiß, saubere Arbeit, Einsatzwillen und natürlich muss man auch verkaufen und gesteckte Ziele erreichen können.

Der Vorstand:
Eine fachlich gute Beratung und für die Vorteile unserer Leistungen kämpfen, also engagiert und begeistert sein – das ist es.

Der Kunde:

Orientiert euch endlich mehr an meinen Wünschen und gestaltet eure Preispolitik flexibler.

Ist ja alles richtig. Mehr aber haben so manche Würdenträger des Erfolgs nicht zu bieten. Vielleicht helfen ja nachstehende Betrachtungen:

Fragen

Handelt es sich um eine reine Bedarfslenkung?
Kunden benötigen etwas und suchen „den günstigsten" Lieferanten – alles andere ist für sie unwichtig.

Setzt man auf Top-Beziehungen zu Kunden als Voraussetzung für Erfolg? Ist die Gestaltung bester Geschäfts-Beziehungen das zentrale Thema und basiert darauf der Erfolg?

Braucht der Kunde Rat, handelt es sich wirklich um beratungsintensive Leistungen? Welche Art der Beratung ist erforderlich? Bietet das dahinter stehende Produkt/Konzept (relative) Alleinstellung?
Geht es zum Beispiel um neue Ideen und Entwicklungen, ist eine innovations-konzentrierte Beratungs-Strategie zielführend.

Trifft dies zu, ist es erforderlich, sich im Wettbewerb auch durchzusetzen und die Entscheidung der Kunden mitzuprägen, also auf „Jagd" zu setzen? Oder werden die Leistungen/Produkte mitreißend nachgefragt? (Glückwunsch!)

Welche dieser vier Strategien stehen in Ihrem Unternehmen im Fokus, welches ist das Leitfeld 1? Und welche Strategie unterstützt dieses Leitfeld?

Das MarktSpiel®System verdeutlicht gerade diese Wechselwirkungen. Damit sind Vorhersagen über Möglichkeiten und Störungen ebenso möglich, wie das bessere Erkennen und Nutzen von Potenzialen in Unternehmen, Markt und Menschen. Zusammen ermöglicht dies Verhaltensempfehlungen auf exakt definierbarer Basis, sauber und ohne Manipulationseffekte.

Die Geschichte vom Königreich Markt

Einst gab es ein stolzes Land, in dem ein König lebte, der Erfolgsfürsten befehligte, deren Aufgabe es war, mit anderen Ländern, die man Partnerländer nannte, und deren Hofinstanzen ergiebige Beziehungen zum Wohle ihres Landes zu erreichen und zu erhalten. Für die Umsetzung hatten die Erfolgsfürsten Botschafter, die für die Erreichung der Ziele Sorge zu tragen hatten.

Die Botschafter konzentrieren sich darauf, Kontakte zu den Hofinstanzen der Partnerländer zu pflegen und diese bei Laune zu halten.

Man gab sich viel Mühe, die Botschafter wissen zu lassen, was das eigene Land zu bieten habe. Die Botschafter erfüllten ihre Aufgabe im Bewusstsein ihrer Bedeutung für das Wohl ihres Landes.

Die Partnerländer aber ließen sich ihr Wohlwollen mit immer größeren Geschenken und Aufmerksamkeiten vergolden. Unmerklich wurden die Botschafter von den Partnerländern zu Briefträgern für deren Erwartungen und Wünsche umfunktioniert. Die Landesfürsten und Edlen des Landes erkannten, dass diese Geschenke auf Dauer unbezahlbar würden und beauftragten ihre Magier, für Abhilfe zu sorgen. Eilfertig ersonnen diese allerlei Elixiere und Zaubersprüche, die anfangs wirkten, dann aber immer schneller in ihrer Wirkung nachließen.

Zeitgleich bekamen fremde, ja feindliche Länder Appetit auf die ergiebigen Pfründe der Partnerländer und überboten sich nun gegenseitig mit Geschenken, um sich die Partnerländer geneigt zu machen. Die Magier wollen andererseits ihr Land immer besser, schöner und größer erscheinen lassen. So nahmen die Versprechen, die Geschenke und sonstige Aufmerksamkeiten inflationär zu. Die Partnerländer freuten sich über so viel Zuspruch und verteilten ihre Sympathien nach der Größe der Zuwendungen. Erst entstand ein regelrechter Wettlauf um die Gunst der Partnerländer, dann entbrannte sogar ein Krieg.

Der König, der die Folgen dieser Entwicklung sehr wohl sah, war alarmiert. Aber auch er war ratlos. Also berief man den Kronrat und etwas später den Landesstag ein.

In großer Runde wurde über die Situation beraten und man beschloss, einen Reformator zu beauftragen, das Land neu zu ordnen. Alle waren sich sicher, dass dies die Rettung sei.

Leider wurden trotz aller Anstrengungen und Reformationsanstrengungen die Bedingungen nicht leichter, im Gegenteil. Die Kriege häuften sich und man fragte sich insgeheim, ob sich der Einsatz der Botschafter in den Partnerländern noch lohnt. Zumal eine Technik Furore machte, mit der man Informationen und Botschaften viel schneller transportieren konnte. Dennoch aber entschied man sich, weiterhin auf das „Medium Mensch" zu setzen, da man dafür keine gleichwertige Alternative sah.

Doch der Inhalt der Botschaft und damit auch die Botschafter mussten sich ändern. Die Landesfürsten wurden angewiesen, die Botschaft und die Botschaftsabläufe zu präzisieren. Es musste allen viel klarer werden, was wirklich funktioniert und es sollte alles eliminiert werden, was die erwünschten Ergebnisse verhinderte.

So sollte das Land wieder erfolgsautonomer werden und man wollte auch den verbündeten Partnerländern helfen, wieder erfolgreicher zu sein. Denn die Kriege forderten von allen Tribut.

Landesweit suchte man nach Unterstützung für diese Idee.
Dem Kronrat fiel auf, dass es derartige Probleme in der freien Provinz "Potenzialien" nicht gab. Es wurde davon berichtet, dass dieses Land Strategien besaß, die sich mit einer mysteriösen MarktSpiel® -Matrix beschäftigten.

Der Kronrat fasste folgende Beschlüsse:

1. Die Mission „Marktbezogene Landesentwicklung" wird gestartet und jeder im Land muss seinen Beitrag für dieses Unternehmen leisten. Der König leitete mit den Landesfürsten gemeinsam die Vorbereitung für ein fürstliches Ziel. Es hieß: „Raus aus der Vergleichbarkeit, raus aus Geschenken ohne Gegenleistung auf Kosten des eigenen Wohlergehens".
2. Um dies zu erreichen, wurde ein landesspezifisches Markt-Spiel®System entwickelt. Damit wollte man erreichen, im Inland und mit den Partnerländern in einer Sprache zu sprechen. Eine Gruppe Auserwählter erhielt den Auftrag, die Botschaft des Landes mit der Systemverbundenen AlphaKey® Technik neu zu formen, damit die Botschaft für die Partnerländer verständlich und nachvollziehbar wird.
3. Dann wurde die Botschaft von den Landesfürsten in alle Sprachen übersetzt, weil allen klar war, dass dies der Schlüssel zum Erfolg war. Dazu gehört zum Beispiel, dass Kombinierte-Verkaufs-Tage (KVT) die erwünschten Ergebnisse sicherstellen und noch zu bearbeitende Themen zweifelsfrei offenlegen.

Kurze Zeit später war der Krieg nur noch Erinnerung und die Schwierigkeiten waren überwunden. Die Botschafter hatten wieder eine motivierende Botschaft und die Landesfürsten erfreuten sich am wachsenden Wohlstand des Landes.

Der König aber lächelte weise. Er wusste: Märchen sind in annehmbare Bilder gekleidete Wahrheiten, deren Botschaft wir sonst nicht zur Kenntnis nehmen würden; es geht um Form und Inhalt. Die Erzählung ist die Form, der Inhalt die Botschaft.

Zwischen Scheitern und Durchbruch. Eine Story aus MarktSpiel®Sicht

Wieder mal in Berlin. Eine Unternehmensgruppe hatte Handwerksmeister aus der Elektrobranche zu einem Jubiläum eingeladen und mich wegen meiner Erfahrungen bei Würth mit dem Festvortrag beauftragt.

Vor Handwerkern zu sprechen ist immer ein Abenteuer – und es kamen viele. Das Mittags-Büfett war gerade angelaufen und man ließ es sich hörbar schmecken.

Es ist immer toll, direkt nach der Mittagspause als Redner zu starten, der Ermüdungsgrad der Zuhörer motiviert bestens. Ich wurde vorgestellt und – schwieg. Es dauere keine Minute und Unruhe machte sich breit. Ich schwieg weiter. Der Saal aber war wach. Gespannte Aufmerksamkeit lag in der Luft. Es wurde Zeit für mich.

„Ich wollte nur kurz darüber nachdenken", begann ich, „ob ich eine Grabrede oder einen Festvortrag halten soll. Das war mir vorhin, als ich Sie alle sah, nämlich noch nicht klar – Ihr Anblick lies mich zweifeln. Jetzt aber glaube ich, können wir starten".

Lachen im Publikum. Auch der Vortrag zündete.

Nach dem Vortrag kam ein junger Mann auf mich zu, fragte, ob er mich kurz sprechen konnte. Ich bejahte und er erzählte, „vor kurzem habe ich meine Meisterprüfung gemacht und bin nun selbständig unterwegs. Das Problem aber ist, dass mich die im Markt bekannten Platzhirsche massiv daran hindern, in Berlin Fuß zu fassen". Dann erklärte er, wie sich das für ihn zeigt. Schwierig.

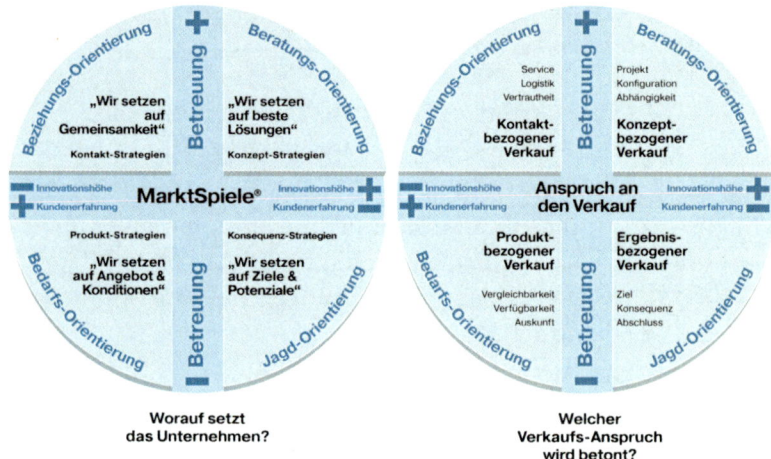

Worauf setzt das Unternehmen?

Welcher Verkaufs-Anspruch wird betont?

„Was würden Sie tun?" „Ja, das ist die Hunderttausend Dollar-Frage", sagte ich, „die lässt sich nicht so im Vorbeigehen beantworten. Wenn es Sie aber wirklich interessiert, treffen wir uns morgen früh hier im Hotel, frühstücken zusammen und reden". Er sagte zu. Am nächsten Tag trafen wir uns.

Für das Gespräch hatte ich diese MarktSpiel®Matrix mitgebracht: Nach einer kurzen Erklärung stieg ich ein:

„Wenn Sie in der Masse mitspielen wollen, besetzen Sie das Feld links unten", erklärte ich, „Bedarfsorientierung. Sie müssen sich aber den damit verbundenen Preiskampf auch leisten können".

„Nein", meinte er, „das kann ich mir nicht leisten, denn ich bekomme die erforderlichen Einkaufsvorteile nicht, dazu bin ich noch zu klein. Ich würde gerne Kontakt zu meinen Kunden aufbauen und mit Beziehungen arbeiten. Habe ich aber auch noch nicht".

„Gut" antwortete ich, „wie wollen Sie diese Kontakte aufbauen"?

„Inserate, Werbung, was man halt so macht.".
„Dann sind Sie ja wieder im Feld links unten" bemerkte ich.
„Oh je, das will ich doch nicht". Der junge Mann sah mich ratlos an. „Wenn Sie nur bieten, was alle bieten, dann kriegen Sie, was alle kriegen. Und das ist nun der Preiskampf im heutigen Verdrängungsmarkt. Aber Sie haben sicher eine Idee, wie Sie vorgehen wollen. Was spricht denn dafür, mit Ihnen zu arbeiten?"

„Selbstverständlich habe ich einen Businessplan, wie er von der Bank verlangt wird und in unserer Branche üblich ist. Aber strategisch enthält er wenig Aufregendes. Um zu bestehen muss ich mich von anderen abgrenzen. Nur wie"?

„Von Ihrer Branche aus betrachtet sind Sie Elektriker, wie viele andere auch. Da sind Sie links unten. Aber ein zukunftsfähiges Konzept, eine strategische Idee, die umsetzbar sein muss, kann Sie nach rechts oben, in den konzeptbezogenen Feldbereich bringen. Hier sind auch Beratung, also zukunftsgestaltende Leistungen zu Hause. Das ist aber in Ihrem Bereich eher den Planern und Ingenieuren vorbehalten".

„Das verstehe ich noch nicht so richtig", meinte mein Gesprächspartner. Er hieß übrigens Klaus Fischer.

„Sie kennen doch Würth, Künzelsau. Die sind mit bedarfsorientierten Produkten wie Schrauben und Befestigungstechnik als Montageprofi unterwegs. Eigentlich müssten sie im Preiskampf mitspielen. Könnten sie zwar über deren Einkaufsmacht, tun sie aber nicht; statt Preiskampf hat Würth ein Konzept für die Preisgestaltung. „Pricing" nennt man das heute. Aber nicht nur das. Das gesamte Unternehmen ist in allen Bereichen systemorientiert aufgebaut und auch für die Produkt- und Sortimentspolitik hat sich längst ein beratungsorientiertes Angebotskonzept entwickelt. Das wird im Markt konsequent mit jagdstrategischen Methoden umgesetzt. Das ist das Geheimnis für Wachstum und Erfolg für dieses Unternehmen. Die Perfektion des Banalen, nennt es Dieter Krämer".

Dann fuhr ich fort:

„Lassen Sie mich diese Systemorientierung noch an einem anderen Beispiel verdeutlichen. Würth ist ja im Handwerk zuhause. Als man auch in der Industrie Fuß fassen wollte, lachten die Einkäufer über die angebotenen Preise. Das ging so nicht. Also musste wieder ein Konzept her und es wurde analysiert, welche Themen die Einkäufer in der Industrie interessieren.

Da ging es um Verfügbarkeit, Lagerfragen, begleitender Service. Fixiert aber war man eindeutig auf Preise und Konditionen. Aber war das wirklich alles? Wir überlegten, was die Einkäufer alles zu bewältigen haben. Verhandlungen mit Lieferanten, Überwachung von Dispositionen – eine Menge Arbeit und ein immenser Verwaltungsaufwand. Herausgefunden wurde, dass die damit verbundenen Kosten nie wirklich beachtet werden.

That's it: Die Kosten der Beschaffung gegen die Einzelpreise der Produkte. Man bedenke nur, was zig Verhandlungen mit unterschiedlichsten Lieferanten und der erforderliche Verwaltungsaufwand (Eingangskontrolle, Bestandsüberwachung, Buchhaltung und, und, und) Lagerlogistik und so weiter kostet. Das haut den besten Controller um. Und: Das war der Schlüssel.

„Wie wurde das dann umgesetzt"? fragte Klaus Fischer ungläubig.

„Die Erkenntnisse wurden konzeptionell ausgewertet und in eine beratungserforderliche Strategie eingebunden" antwortete ich. „Man versprach den Wunschkunden, die Kosten der Beschaffung für Würth-Produkte so zu senken, dass der Preis der Produkte so gut wie keine Rolle mehr spielt. Das ging bis zu einem Würth-verwalteten Lager. Und darüber hinaus die verbindliche Zusage, jedes Werkzeug, jede Schraube am Einsatzort verfügbar zu haben".

„Natürlich verlangt dieses Konzept sehr intensive Beratung. Zukunftsgestaltung mit bester neuer Lösung, das Feld rechts oben. Und es muss konsequent durchgesetzt werden. Jagdfeld rechts unten. Innovation ohne Durchsetzungsenergie ist wie fliegen ohne Flugzeug. Wird's nun deutlich"?

„Unglaublich" bemerkte Klaus Fischer erstaunt. „So kann man ja jede erwünschte Kombination geradezu designen und konzeptionell durchdenken. Mit Freude bemerkte ich, dass Fischer konzeptionelles Talent besaß.

„Aber was bedeutet das für mich?" fragte er mich interessiert.

Es stellte sich heraus, dass Klaus Fischer ein auf Reparaturen spezialisierter Elektriker war, dessen Fähigkeit, Fehler in der Elektrik zu finden und zu beheben, geradezu ein Hobby für ihn war. Das allein aber riss einfach nicht vom Stuhl. Er wohnte in einem gehobenen Wohngebiet. Häuser können sich nicht verstecken. Man könnte dort klingeln, Flyer einwerfen, und vieles mehr.

Auf meine Frage, in wie vielen Häusern es wohl Bedarf für kleinere und größere Elektroarbeiten gibt, meinte er: „In unglaublich vielen". Da sich das aber für einen Profi nicht lohnt, kommt auch kein Elektriker gern, wie andere Handwerker auch. Das könne man ja ändern, schlug ich vor. Außerdem muss es eine Menge von Gewerbebetreiben mit dem gleichen Problem geben.

Das irgendwie herauszufinden, war die erste Aufgabe, die ich Klaus Fischer stellte. Machte er auch und war überaus erstaunt, was seine Erkundungen ergaben. Also auf zum nächsten Schritt.

Es gibt sie, diese Werkstattwagen, die für Spontanaufträge professionell mit allem ausgerüstet sind, was unterschiedliche Gewerke, so auch Elektriker, brauchen. Das war das Geschäftsmodell: Spontane Reparaturen in Wohn- und Gewerbebereichen. Nun fehlte nun nur noch ein Konzept für die Akquisition.

Leute, die für wenig Geld Fleyer verteilen, sind nicht schwer zu finden. Außerdem gibt es dafür auch Spezialisten. Das zu organisieren war die Aufgabe von Klaus Fischer.

Das eigentliche Gesamtkonzept, das Kontakte, Beziehungen, erweiterbaren Umsatz und relative Alleinstellung umfasst (weil es sonst so keiner macht), sah wie folgt aus:

1. Die Multiplikations-Strategie

Handwerker sind auf Hand-Werk fokussiert. Also machen sie ihre Arbeit und gehen wieder. Ende.

Klaus Fischers Flyer aber enthielt neben seinen Angeboten eine nicht alltägliche Botschaft. Die Kosten waren das Eine. Der Flyer rief aber noch zu einer weiteren – freiwilligen – Leistung der Kunden auf: Empfehlungen. Hört sich simpel an, ist aber überaus wirkungsvoll. Reklamationen sind ehrenrührig. Die beste Garantie dafür, dass keine entsteht ist, dass wir uns als Belohnung für Topleistungen Empfehlungen wünschen. Gewissermaßen als Beifall über die Begeisterung für die geleistete Arbeit.

Zu den Rechnungen wurden in Handschrift gedruckte kurze aber knackige Empfehlungsschreiben beigefügt, die die Kunden verteilen, oder versenden konnten. Ein weiteres Blatt für die Kunden enthielt Hinweise dafür, wer sich aus welchem Grund über eine solche Empfehlung freuen wird.

Es hilft, alles vordenken. Sonst passiert – nichts. Die meisten Menschen unterschätzen dies und wundern sich über Misserfolge, weil sie angeblich schon selbst alles „versucht" hätten. Nur eben nicht das Entscheidende. Versucht bedeutet übrigens, dass man sich ver-sucht und damit eben nichts gefunden hat. Amen.

2. Die „Makler"-Strategie.

Handwerker sind auf ihren Einsatz gepolt. Sonst sehen sie nichts. Sehen nicht, in welchem Zustand das Bad ist, sehen nicht, welche Reparatur- oder Renovierungs-Chancen sich für ihre Kollegen aus anderen Gewerken zeigen. Ist halt so.

Klaus Fischer aber ließ ich eine Erfassungsliste erstellen, die er – so mein dringlicher Appell – bei jedem Besuch ausfüllen sollte. Das machte er auch konsequent. Nach kurzer Zeit wusste er, wo welcher Reparatur- oder Renovierungs-Stau verortet war und clusterte diese nach Postleitzahlen. Die Adressen flossen nicht in diese Datei ein. Das durfte er ja nicht. Aber er verkaufte diese Cluster an Kollegen, deren Arbeitsleistung er schätzte. Die wussten nun, in welchen Gebieten Bedarf für ihre Leistungen statistisch und praktisch vorhanden war.
Stellen Sie sich vor, gestern, beim Abendessen sprachen Sie, nachdem Sie im Bad die Hände gewaschen hatten und Ihnen der Zustand des Bades wieder einmal missfallen hat, mit Ihrer Frau: „Eigentlich sollten wir das Bad mal renovieren". Das war es dann auch.

Kurze Zeit später erhalten Sie einen Flyer mit einem tollen Angebot (mit Vorschlag für die Finanzierung) für die Renovierung Ihres Bades. Genau! Jetzt wandelt sich eine latent ruhende Möglichkeit in aktiven Bedarf. Nun noch ein guter Handwerker... .

Klaus Fischer bekam seine Kontakte, konnte Geschäftsbeziehungen aufbauen, hatte Alleinstellung erreicht und wuchs. Ich aber war stolz auf ihn.

Er schrieb mir, dass er seinem Banker den Erfolg erklärt habe und er diesen einem konzeptorientierten Jagdspiel mit kontaktbasierter Beziehungsgestaltung verdanke. Wie so viele Banker verstand auch dieser nur Bahnhof. Den Kredit bekam Klaus Fischer trotzdem.

Die Drei-Einigkeit im MarktSpiel®System

1. Realität und Umfeld = MarktSpiel®
Auf dieser Ebene bewegen sich alle Unternehmen der freien Wirtschaft und sie unterliegen deren Regeln. Der Markt ist keine auflösbare Größe. Einen Nicht-Markt kennen wir nicht.

2. Affinität und Anziehungskraft
Magnetkraftfeld, auch Lewins „Feldstärken-Theorie". Das sind Rituale, Gewohnheiten, Identifikation in Bezug auf Strategie, Branche, Rolle, Vorlieben, Verhalten.

3. Ergebnisebene
Erfolg ist, was als Folge von Verhalten er-folgt. In der MarktSpiel®Matrix spiegeln sich Wirkungen von Verhalten wie Umsatz und andere Variablen als Ergebnisse. Verhalten und Zielenergie steuern Veränderungen.

Merke:
Es geht immer darum Energien effizient einzusetzen und sie in Kombination mit anderen Feldern zu verstärken oder zu reduzieren. Es geht aber immer auch darum, im Wald der Möglichkeiten nicht die Orientierung zu verlieren und zielsicher navigieren zu können.

Was noch zu sagen bleibt

Sicher gäbe es noch viel zu berichten über Begegnungen, Erfolge und auch bittere Enttäuschungen. So zum Beispiel, dass die begeisterte Zustimmung für das MarktSpiel®System durch meine Mitarbeiter nicht automatisch auch zu dessen konsequenter Umsetzung durch alle führte. Auch hier waren es Komfortzonen und Identifikation mit vertrautem Denken, die zu seltsamem Verhalten führten.

So rief ein guter Kunde an und berichtete entsetzt, dass einer unser Trainer das mit dem Kunden gemeinsam definierte Markt-Spiel® Konzept nicht einmal erwähnte, sondern stattdessen mit Birkenbiehl-Fallstudien arbeitete.

Absolut nichts gegen Birkenbiehl – aber Vereinbarungen mit Kunden müssen nun mal umgesetzt werden. So trennten wir uns und reduzierten Schritt für Schritt unser (Akquisitions-)Konzept für unsere Mitstreiter. Sie sollten ihren eigenen Weg finden.

Unser Sohn Martin erlitt während eines Vortrages einen Gehirnschlag. Die sofortige Einweisung in eine Münchener Klinik, die darauf eingerichtet ist, verhinderte das Schlimmste. Es war ein harter Schlag für alle Beteiligte. Martin hat das alles relativ gut überstanden, kämpfte sich zurück und arbeitet nun an der Wiederkehr seiner vollen Arbeitsfähigkeit, die ja in unserem Beruf überaus gefordert ist. Er wird es schaffen.

Gern halte ich noch immer Vorträge und es freut mich, dass die Zuhörer meinen Weg immer besser verstehen und mich deren Begeisterung und Feedback im wahrsten Sinne jung erhält. Anita und ich nehmen uns nun viel Zeit füreinander – und es gibt doch auch noch so vieles zu entdecken.

Für mich war und ist es die Quantenphysik, die mich zunehmend fasziniert und in Atem hält. Bahnbrechende Experimente wie das „Doppelspalt-Experiment" und die Erkenntnisse der „Verschränkung" ergänzen, erweitern und revolutionieren die „klassische" Physik und erweitern unser Weltbild in atemberaubende Denk- und Erkenntnis- Dimensionen.

Das Doppelspalt-Experiment machte deutlich, dass das Licht Welle und Korpuskel ist und die Erkenntnisse der Verschränkungs-Experimente lassen die Wissenschaft heute sehr ernsthaft über parallele Welten nachdenken.

Die Verschränkungstheorie geht davon aus, dass verschränkte Teilchen und Informationen nicht der Zeit unterliegen und sich auch in der Entfernung von Lichtjahren „zeitgleich" (also wirklich, ohne jeden Zeitverlust gleichzeitig) parallel zueinander verhalten und genau das tun, was das verschränkte Teil, egal wo es sich befindet, auch tut, weil sie noch immer ein Teil sind.

Das könnte bedeuten, dass alles Eins ist und stimmt, was die Weisen zu allen Zeiten sagten: Zeit und Raum sind nur Illusion, Maya, Täuschung und vermittelt nur die Illusion, dass alles voneinander getrennt ist.

Die Experimente, die Anton Zeilinger, Physiker an der Uni Wien dazu auf Palma durchführt, sind wegweisend und bahnbrechend.

Vielleicht sitzt gerade in einer anderen Dimension in einer parallelen Galaxis auf einem erdgleichen Planeten eine exakte Kopie (oder das Original?) von mir vor dem Computer und schreibt genau das Gleiche wie ich jetzt – oder entwickelt verrückte Ideen. Mir gefällt der Gedanke.
Auszuschließen aber ist die Vorstellung von identischen Parallelwelten nach dem heutigen Stand der Wissenschaft ganz und gar nicht mehr. Wissenschaft sei nur der aktuelle Stand des Irrtums,

werfen einige Wissenschaftskritiker gern ein. Nun, wir werden sehen. Irgendwann.

Aber eines dürfen wir aus der Quantenphysik entnehmen: Alles, wirklich alles ist weitaus großartiger und wunderbarer als wir je glaubten und uns die in (un-)heiligen Denkmauern gefangenen „Religionen" einfältig-kirchlich noch immer vorbeten.

Wenn Religio (lateinisch Rückbesinnung und (be-)denken) sich organisiert und zur Machtinstitution – egal unter welchem Vorzeichen – mutiert, dann hat das mit Gott nichts, aber wirklich nichts zu tun. Die Zeit der in Mauern gleich welcher Richtung eingesperrten „Religio" geht zu Ende. Erkenntnis und Bewusstsein – sbewusst Sein – ist wieder angesagt. Trotz oder gerade weil unsere wunderschöne Erde so viele Konflikte zu ertragen hat, wird sich die Macht des Geistes und damit der Urintelligenz behaupten.

Background
Atemberaubende Erkenntnisse

Auf eine Platte mit einem Schlitz werden Quantenteilchen geschossen. Dahinter befindet sich eine Wand, auf der man die Aufprallstellen der Quantenteilchen sehen kann. Wie es zu erwarten war, bilden die Quantenteilchen auf der Wand dahinter die Form eines Balkens. Sie entsprechen der Form des Schlitzes, durch den sie gelangt sind. So weit, so unspektakulär.

Nun haben wir die gleiche Versuchsanordnung, dieses Mal jedoch mit zwei Schlitzen statt einem. Alles andere ist unverändert. Ableitend aus dem Versuch mit einem Schlitz würde man ja erwarten, dass auf der Wand bei zwei Schlitzen zwei Balken entstehen. **Fehlanzeige.**

Stattdessen erhält man eine ganze Reihe von Streifen. Diese sehen so aus, als hätte man nicht Quantenteilchen auf die Platte mit den zwei Schlitzen geschossen, sondern diese Platte mit Licht bestrahlt. Im Falle von Licht ist eine Reihe von Streifen das zu erwartende Ergebnis, nicht jedoch bei Quantenteilchen.

Ein Quantenteilchen hingegen fliegt gleichzeitig durch beide Schlitze.

Mit Quantenteilchen ein Streifenmuster zu erhalten, setzt voraus, dass ein Teilchen gleichzeitig durch beide Schlitze geflogen sein muss. Mit unserem alltäglichen Verständnis der Realität lässt sich das nicht erklären.

Um zu enträtseln, wie ein Teilchen durch beide Schlitze gleichzeitig geflogen sein kann, wird nun ein „Beobachter" (Detektor) an den Schlitzen installiert. Das Ergebnis: jetzt entstehen auf der Wand dahinter aus den auftreffenden Quantenteilchen tatsächlich die beiden Balken, so wie ursprünglich erwartet.

Der Beobachter, sprich „das Beobachten", verändert also das Ergebnis. Ohne Beobachter haben wir ein Streifenmuster wie bei Licht, mit Beobachter zwei Balken. Es scheint, als würde erst mit dem Beobachter das Ergebnis zum „erwarteten Ergebnis".

Gemäß der Quantenphysik ändert sich das Verhalten eines Teilchens, je nachdem ob es einem Beobachter unterliegt oder nicht. Abgeleitet darf man durchaus feststellen, dass die Realität quantenphysikalisch gesehen eine Art von Illusion ist und nur dann existiert, wenn wir hinsehen. Zahlreiche Quantenversuche wurden in der Vergangenheit durchgeführt und zeigten, dass dies tatsächlich der Fall ist.

„Existiert der *Mond* auch dann, *wenn keiner hinsieht?*" lautete eine ironische Frage von Albert Einstein (der damals an den Ergebnissen der Quantentheorie zweifelte) an Nils Bohr. Und Bohr antwortete: "Können Sie mir das Gegenteil beweisen? Können Sie mir beweisen, dass der Mond auch da ist, wenn Sie nicht hinsehen (niemand hinsieht beziehungsweise beobachtet)?"

Einsteins ironisch gemeinte Frage war berechtigt und Niels Bohrs Antwort war genial.

Die Ergebnisse der Experimente australischer Wissenschaftler, die in der Zeitschrift „Nature Physics" veröffentlicht wurden, beweisen, dass Messung (Beobachtung) alles ist. „Auf der Quantenebene existiert Realität erst, wenn wir sie beobachten" – sagte der leitende Forscher Dr. Andrew Truscott.

Nehmen wir einfach mal an, wir Menschen seien die „Detektoren", also die Beobachter und erst durch diese unsere Beobachtung entsteht die Welt. WOW.

Was wir als wirklich empfinden, sei nichts als das, was uns unsere Sinne vorgeben, meint Anton Zeilinger. Alles, was wir in der Außenwelt identifizieren, finde eigentlich in unserer „Innenwelt" statt.

Alles doch Maya, alles Illusion? Eine Antwort für unser praktisches Leben finden wir vielleicht bei Goethe. Er lässt Faust sagen: *„Aus dieser Erde quellen meine Freuden,* und diese *Sonne scheinet meinen Leiden ...".*

Mein Fazit

Wir müssen mit der uns gegebenen Realität leben und diese, so gut wir eben können, gestalten. Wir sind in der Tat die Beobachter und Co-Schöpfer unseres Lebens. Machen wir was daraus.

Der Weg ist das Ziel

Jeder Mensch ist in seinem Umfeld oder Markt tätig und hat die Aufgabe, das Beste daraus machen. Der Manager wie der Obdachlose. Es sei denn, man gibt sich auf. Jeder Mensch ist auch Unternehmer – er muss etwas unternehmen, um zu leben. Unterlasser gibt es auf dem Friedhof. Was immer dich stört – ändere es oder halt dein Maul.

Dass dies nicht für Situationen gilt, die vom Schicksal geprägt werden, liegt auf der Hand. Jedoch jammern und klagen vor allem Menschen, die nicht verstanden haben, dass uns der liebe Gott zwar Nüsse gibt – knacken aber müssen wir sie selbst.

R.K. Sprenger, der das wunderbar aufmüpfige Buch „Mythos Motivation" geschrieben hat und der zu den wohl besten Rednern unserer Zeit gehörte, sagt „Was immer dir begegnet: Liebe es, ändere es – oder verlasse es!".

„Entscheide, oder du wirst entschieden" darf ich aus meiner eigenen Erfahrung bestätigen. Haben wir also den Mut zu trennen, was uns nicht weiterbringt. Vor allem auch auf unserem Erkenntnisweg. Der endet wohl nie, wie ich mittlerweile weiß. Und das ist wunderbar und schön.

Wegweiser gibt es viele. Alle haben eines gemeinsam: Sie weisen den Weg, sie gehen ihn nicht. Den richtigen Weg für sich zu finden, ist die vielleicht schwerste und die lohnendste Aufgabe, die uns gestellt wird: Der Weg ist das Ziel.

Es geht wirklich darum, den für uns richtigen Weg zu finden. Das setzt voraus, aufzubrechen und zu beginnen. Denn auch der längste Weg beginnt bekanntlich mit dem ersten Schritt.

Auf meinem Weg habe ich viel erlebt, viele Menschen kennengelernt, Weggefährten und Freunde gefunden und wieder verloren,

Misserfolg ertragen, Erfolge gefeiert. Gelernt habe ich dabei, dass die Lebensweisheit „Hilf dir selbst, (erst) dann hilft dir Gott" einfach wahr ist. Erst wenn wir uns selbst helfen, zeigen sich die Wunder, die für uns bestimmt sind.

„Lieber Gott" betete einst ein weiser Mann, „gibt mir den Mut zu ändern, was ich ändern kann und gib mir die Kraft, zu ertragen was ich nicht ändern kann und schenke mir die Weisheit, das Eine vom Andern zu unterscheiden". Wie wahr.

Meinem Namen entsprechend stand am Ende vieler Vorträge, Seminare, Workshops das Ritual, eine Geschichte zu erzählen:

Himmel und Hölle

Thomas, ein junger Unternehmer mit wachen Augen und offenem Gemüt, steht eines Tages vor Petrus. Der zückt erstaunt seine Liste: „Was willst Du hier, Du wirst noch gar nicht erwartet".
„Das weiß ich", meint Thomas, „aber offensichtlich haben mich meine Fragen hierher geführt." „So, so", brummelt Petrus, „was willst Du denn wissen?" „Nun", antwortet Thomas, „brennend interessiert mich, was Himmel und was Hölle wirklich sind und was sie voneinander unterscheidet." „Hm", meint Petrus, „das sind interessante Fragen. Das erste, was Du wissen musst, ist, dass Himmel und Hölle in jeder Ebene und in jedem Menschen sind. Egal, wo Du Dich befindest. So erleben zum Beispiel viele Deiner Unternehmerkollegen eine Form der Hölle, denn sie arbeiten immer härter, ihr Stress nimmt zu, zum Leben ist wenig Zeit. Bevor wir jetzt aber lange diskutieren, zeige ich Dir lieber, wie Himmel und Hölle aussehen. Komm mit." Und schon stapft er davon.

Thomas folgt ihm aufgeregt. Sie gehen einen langen Gang entlang und kommen zu zwei riesigen Portalen, die sich gegenüber liegen. Fragend wendet sich Petrus an Thomas: „Was willst Du denn zuerst sehen?" „Wenn ich wählen darf, dann bitte zuerst die Hölle." Petrus lacht. „Ich verstehe, Du liest auch die Bild-Zeitung. Und die ist eine Vorstufe zur Hölle. Aber jetzt geh' rein".

Leicht lässt sich das riesige Portal öffnen, und Thomas steht in einem Raum von unvorstellbaren Dimensionen. Unzählige Menschen sitzen an endlos langen Tischen, auf denen die köstlichsten Speisen und Getränke stehen. Der Raum aber ist erfüllt von Jammern und Wehklagen und einer Atmosphäre, die Steine gefrieren lässt.

Erstaunt blickt Thomas um sich, denn es ist alles da und trotzdem dieses Jammern...? Plötzlich stellt er fest, dass alle hier an beiden Armen überlange, monströse Essbestecke unlösbar befestigt haben. Diese machen es völlig unmöglich, auch nur die geringste Kleinigkeit von all den Köstlichkeiten auf den Tischen zu sich zu nehmen. Und Thomas versteht.

Nachdenklich geht er zurück zu dem auf dem Gang wartenden Petrus: „Ich glaube, ich habe verstanden. Es ist alles da, aber sie können es nicht nutzen. Im Geschäftsleben geht es uns oft genauso."

Freundlich erwidert Petrus: „Wenn Du das verstanden hast, bist Du bereits klüger als die meisten Unternehmer und Manager auf der Erde. Jetzt aber sieh Dir die andere Abteilung, den Himmel, an." Auch das Portal zum Himmel lässt sich leicht öffnen, und Thomas ergreift eine wunderbare Stimmung, die mit Worten nicht zu beschreiben ist. Sonst das gleiche Bild. An endlos langen Tischen, auf denen die köstlichsten Speisen und Getränke stehen, sitzen Hunderttausende, ja Millionen von Menschen, und es herrscht eine Fröhlichkeit, die keine Sprache der Welt beschreiben kann.

Thomas weiß, dass er gehen muss. Wie er sich aber gerade zum Gehen wendet, stutzt er plötzlich. Auch hier haben alle an beiden Armen überlange, monströse Esswerkzeuge. Thomas ist nun doch sehr verwirrt und sieht noch genauer hin. Und erkennt dabei den vermutlich einzigen Unterschied zwischen Himmel und Hölle: Die im Himmel haben gelernt, sich gegenseitig zu füttern.

Was ist nun mit dem Weihnachtsmann?

Heute, da ich das schreibe, blicke ich aus dem Fenster; es ist Ende Februar und es schneit. Weihnachten ist schon viele Wochen vorbei, aber der Schnee erinnert mich wieder an den Weihnachtmann und seltsam – ich sehe durch die Zeilen dieses Buches, als ob es aus Glas wäre und sehe schemenhaft die „invisible hands", die mir halfen, wenn ich nicht mehr weiter wusste. Winken sie mir etwa zu?

Nein, der Weihnachtsmann ist kein Betrüger. Vielleicht ist es ja er, der als himmlische Instanz die „invisible hands" steuert, motiviert und koordiniert. Oder den Auftrag dazu erteilt. Wenn dem so ist- und nicht nur dann: Danke!

Peter Grimm